JIANZHU GONGCHENG ZAOJIA RUMEN
YU SHILI JIEXI

建筑工程造价入门
与实例解析

主编 周广友 文 春

中国电力出版社
CHINA ELECTRIC POWER PRESS

内 容 提 要

本书主要介绍建设工程造价入门需要掌握的必要知识，力图以通俗易懂的语言诠释复杂的概念，从而使有志于造价工作者迅速入门。内容的选择及安排也完全从新手出发，先简要介绍建筑工程项目必要知识，让新手俯瞰建筑工程项目，明白造价所处的位置及造价的意义；其次以此展开，介绍两大工程计价方法、造价编制和造价索赔等，并附带相关案例，真正使新手实现自学造价不求人，只需一本在手的愿望。

本书可供工程造价初学者及刚刚进入工程造价行业的相关专业人员使用。

图书在版编目（CIP）数据

建筑工程造价入门与实例解析/周广友，文春主编 . —北京：中国电力出版社，2018.9
ISBN 978 - 7 - 5123 - 2214 - 9

Ⅰ . ①建… Ⅱ . ①周…②文… Ⅲ . ①建筑造价 Ⅳ . ①TU723.32

中国版本图书馆 CIP 数据核字（2018）第 146361 号

出版发行：中国电力出版社
地 址：北京市东城区北京站西街 19 号（邮政编码 100005）
网 址：http://www. cepp. sgcc. com. cn
责任编辑：周娟华（010－63412601）
责任校对：朱丽芳
装帧设计：张俊霞
责任印制：杨晓东

印 刷：航远印刷有限公司
版 次：2018 年 9 月第 1 版
印 次：2018 年 9 月北京第 1 次印刷
开 本：787 毫米×1092 毫米 16 开本
印 张：11.75
字 数：287 千字
定 价：49.80 元

前　　言

工程造价本身并不难，之所以觉得难，是因为没有掌握正确的方法，手边没有一本"对新手友好"的造价入门书。所谓正确的方法，即熟记计价规则，多参与工程项目，不断总结经验教训，持续自我迭代升级。

什么叫"对新手友好"？这也是本书的目标，即将深奥难懂的建筑工程造价知识，以实用、简练的语言和数字提炼出来，并辅以经过工程实际检验的完整案例，给初学者提供一个简便、快捷的自我学习参考资料。本书按照初学者必须经历的步骤编排，即基本概念了解，掌握计价方法，学习工程估算、概算及预算编制，学会阶段造价控制与施工索赔，学会看施工图，掌握计量与计价规则，实际案例解析。以期让广大刚接触工程造价的从业人员能够对自己从事的行业有一个具体的认识，并能迅速掌握和运用。另外，国家已经全面推进"营改增"政策，对各个行业都有巨大影响，为了避免新手被这只"纸老虎"吓倒，本书专门用一章来讲述"营改增"对工程造价的影响，彻底扫清新手通往造价之门的障碍。

参与本书编写的人员有徐武、蔡志宏、李峰、郭芳艳、武宏达、黄肖、李四磊、刘杰、刘彦萍、孙银青、王力宇、王广洋、郑丽秀、任雪东、刘雅琪、于静、张丽玲、任晓欢、孙鑫、李凤霞等。由于编者水平有限，错误和不妥之处在所难免，恳请广大读者不吝批评指正。

编者

目　　　录

第1章 建设工程项目构成

建设工程项目是为完成依法立项的新建、改建、扩建的各类工程（包括建筑工程及安装工程等）而进行的、有起止日期的、达到规定要求的一组相互关联的受控活动组成的特定过程，包括策划、勘察、设计、采购、施工、试运行、竣工验收和移交等。

1.1 建设工程项目分类与组成

（1）建设项目分类。

1）按建设项目性质分类。建设项目按照项目性质可分为新建、扩建、改建、迁建和恢复等项目，具体内容见表1-1。

表1-1 　　　　　　　　　　　　建设项目按照项目性质分类

序号	类别	主 要 内 容
1	新建项目	新建项目是指新建或在原有固定资产的基础上扩大3倍以上规模的建设项目，它是基本建设的主要形式
2	扩建项目	扩建项目是指在原有固定资产的基础上扩大3倍以内规模的建设项目。其目的是扩大原有项目的规模或扩大原有项目产品的生产能力及效益，它也是基本建设的主要形式
3	改建项目	改建项目是指为了提高生产效率或使用效益，对原有设备、工艺流程进行技术改造的建设项目，它是基本建设的补充形式
4	迁建项目	迁建项目是指原有企业、事业单位，根据自身生产经营和事业发展的要求，按照国家调整生产力布局的经济发展战略的需要或出于环境保护等其他特殊要求，搬迁到异地而建设的项目
5	恢复项目	恢复项目是指因遭受自然灾害或战争使得建筑物全部报废或部分报废，需要投资重新恢复建设的项目

2）按建设项目投资作用分类。建设项目按照项目投资作用可分为生产性建设项目和非生产性建设项目，具体内容见表1-2。

表1-2 　　　　　　　　　　　　建设项目按照项目投资作用分类

序号	类别	主 要 内 容
1	生产性建设项目	生产性建设项目是指直接用于物质资料生产或直接为物质资料生产服务的工程建设项目，主要包括工业建设、农业建设、基础设施建设、商业建设和军事设施等
2	非生产性建设项目	非生产性建设项目是指用于满足人民物质、文化和福利等需要的建设和非物质资料生产部门的建设，主要包括办公用房、居住建筑、公共建筑和其他建设等

3）按建设项目组成分类。建设项目按照项目组成可分为建筑工程、安装工程等，具体内容见表1-3。

表1-3　　　　　　建设项目按照项目组成分类

序号	类别	主　要　内　容
1	建筑工程	建筑工程是指永久性和临时性的建筑物、构筑物的土建工程，采暖、通风、给排水、照明工程、动力、电信管线的敷设工程，道路、桥涵的建设工程，农田水利工程，以及基础的建造、场地平整、清理和绿化工程等
2	安装工程	安装工程是指生产、动力、电信、起重、运输、医疗、实验等设备的装配工程和安装工程，以及附属于被安装设备的管线敷设、保温、防腐、调试、运转试车等工作
3	设备、工器具及生产用具的购置	设备、工器具及生产用具的购置是指车间、实验室、医院、学校、宾馆、车站等生产、工作、学习所应配备的各种设备、工具、器具、家具及实验设备的购置
4	勘察设计和地质勘探工作	勘察设计和地质勘探工作是指野外地质勘探、勘察和工程项目方案设计和施工图设计等工作
5	其他基本建设工作	其他基本建设工作是指上述以外的各种工程建设工作，如征用土地、拆迁安置、人员培训、施工队伍调遣及大型临时设施等

4）按建设过程阶段分类。建设项目按照建设过程阶段可分为筹建项目、施工项目、竣工项目等，具体内容见表1-4。

表1-4　　　　　　建设项目按照建设过程阶段分类

序号	类别	主　要　内　容
1	筹建项目	筹建项目是指在计划年度内正准备建设还未正式开工的项目
2	施工项目	施工项目是指已取得开工许可证且正在施工建设的项目
3	竣工项目	竣工项目是指已通过有关部门组织的竣工验收，并取得工程竣工验收证明，准备交付使用的工程项目
4	投产项目	投产项目是指已经竣工验收，并且投产或交付使用的项目
5	收尾项目	收尾项目是指已经竣工验收并投产或交付使用，但还有少量扫尾工作的建设项目

（2）建设项目组成。一个建设项目通常由一个或几个单项工程组成，一个单项工程是由几个单位工程组成，而一个单位工程是由若干个分部工程组成，一个分部工程可按照选用的施工方法、所使用的材料、结构构件规格等的不同划分为若干个分项工程。

建设工程项目一般分为建设项目、单项工程、单位工程、分部工程和分项工程等。具体内容见表1-5。

表1-5　　　　　　建设工程项目组成

序号	类别	主　要　内　容
1	建设项目	建设项目是指按一个总体设计或初步设计进行施工的一个或几个单项工程的总体。经济上实行统一核算，行政上具有独立组织形式的基本建设单位。如一个住宅小区、一个工厂、一所学校、一座矿山等均可作为一个建设项目。我国建设项目的实施（投资）单位一般称为建设单位。一个建设项目又可分为一个或几个单项工程

续表

序号	类别	主 要 内 容
2	单项工程	单项工程一般是指具有独立的设计文件，竣工投产后可以独立发挥效益或体现投资效益的工程。如教学楼、食堂、办公楼等。单项工程是建设项目的组成部分，由若干个单位工程组成
3	单位工程	单位工程是指具有独立的设计图纸，并能独立组织施工，但工程竣工后一般不能独立发挥生产能力或效益。如土建工程（包括建筑物、构筑物）、装饰工程、电气照明工程（包括动力、照明等）、给排水工程、工业管道工程（包括蒸汽、压缩空气、煤气等）、通风空调工程等。单位工程是单项工程的组成部分，由若干个分部分项工程组成
4	分部工程	分部工程是指由不同工人用不同工具和材料完成的单位工程的构造部位，是单位工程的组成部分。土建工程的分部工程是按建筑工程的主要部分划分的，如基础工程、主体工程、混凝土及钢筋混凝土工程、金属结构制作及安装工程、楼地面工程等
5	分项工程	分项工程是分部工程的组成部分，分项工程是根据工种、构件类别、使用材料不同划分的工程项目，一个分部工程由多个分项工程构成。分项工程是工程项目划分的基本单位。如混凝土及钢筋混凝土分部工程中的带形基础、独立基础、满堂基础、设备基础、矩形柱、有梁板、阳台、楼梯、雨篷、挑檐等均属于分项工程

1.2 建设工程项目工作程序

建设工程项目工作程序是指建设项目从设想、评估、决策、设计、设备材料采购、施工到竣工验收、投入生产等阶段工作各环节，以及各主要工作内容之间必须遵循的工作环节及其先后顺序。

基本建设程序主要包括 9 个步骤，其顺序不能任意颠倒，但可以合理交叉。其先后顺序如图 1-1 所示。

（1）项目建议书。项目建议书（又称项目立项申请书）是项目单位就新建、扩建事项向国家发改委项目管理部门申报的书面申请文件。项目建议书主要论证项目建设的必要性，决策者可以在对项目建议书中的内容进行综合评估后，作出对项目批准与否的决定。项目建议书包括的主要内容见表 1-6。

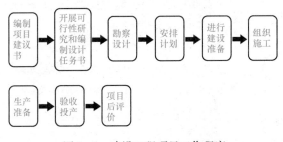

图 1-1 建设工程项目工作程序

表 1-6 项目建议书的主要内容

序号	主 要 内 容
1	投资项目建设的必要性和依据
2	产品方案、拟建规模和建设地点的初步设想
3	资源情况、交通运输及其他建设条件和协作关系的初步分析
4	环境影响的初步评价

续表

序号	主 要 内 容
5	主要工艺技术方案的设想
6	投资估算、资金筹措和还贷方案的设想
7	项目的进度安排
8	经济效益和社会效益的初步估计
9	相关初步结论和建议

大中型和限额以上的项目，委托有资格的工程咨询、设计单位初评后，经省级主管部门初审后，报国家发改委审批，其中特大型项目（投资在4亿元以上的交通、能源、原材料项目、2亿元以上的其他项目）由国家发改委报国务院审批。小型及限额以下的项目由国务院主管部门或地方发改委审批。

项目建议书经批准后，称为"立项"，这仅仅说明该项目有投资的必要性，但仍需进一步论证，即进行可行性研究。

（2）可行性研究报告。可行性研究是确定建设项目前具有决定性意义的工作，是在投资决策之前，对拟建项目进行全面技术经济分析的科学论证，在投资管理中，可行性研究是指对拟建项目有关的自然、社会、经济、技术等进行调研、分析、比较及预测建成后的社会经济效益。在此基础上，综合论证项目建设的必要性、财务的盈利性、经济上的合理性、技术上的先进性和适应性及建设条件的可能性和可行性，从而为投资决策提供科学依据。项目可行性研究报告的主要内容见表1-7。

表1-7　　　　　　　　　　　　项目可行性研究报告的主要内容

序号	主 要 内 容
1	项目提出的背景、意义、范围和投资意义
2	产品方案、建设规模、基本工艺技术及工艺流程、主要设备选型、自控水平
3	产品市场分析、价格预测，原料、辅助材料、燃料的供应及协作配合条件
4	建厂条件、厂址选择
5	总图、占地面积、建筑面积、工厂运输
6	给水、排水、供电、通信、供热、供风的方案
7	消防、维修、仓库、中心化验室的规模及配置
8	能耗分析及节能措施
9	环境保护、职业安全卫生
10	企业组织及定员
11	项目实施规划
12	投资估算及资金筹措
13	生产成本费用估算
14	财务评价及国民经济评价
15	不确定性分析
16	综合评价

可行性研究报告审批权限与项目建议书相同，可行性研究报告经批准后，即可列入国家建设计划，不得随意变更。可行性研究报告一般作为设计任务书（又称计划任务书）的附件。设计任务书对是否上这个项目，采取什么方案，选择什么建设地点，作出决策，除可行性研究报告外，设计任务书还包括征地和外部协作条件的意向性协议、厂区总平面布置草图和资金来源及筹措情况等。

（3）工程勘察设计阶段。

1）勘察工作。勘察，是指根据建设工程的要求，查明、分析、评价建设场地的地质、地理环境特征和岩土工程条件并提出合理基础建议，编制建设工程勘察文件的活动。勘察工作包括工程测量、水文地质勘察和工程地质勘察等内容的工程勘察，是为查明工程项目建设地点的地形地貌、地层土壤、岩性、地质构造、水文条件和各种自然地质现象等而进行的测量、测绘、测试、勘探、试验、鉴定及综合评价工作。勘察工作阶段的内容如图1-2所示。

2）设计工作。在设计工作开始之前，建设单位应通过招投标择优选择设计单位或具有总承包资质的工程公司进行工程设计。民用建筑工程设计一般分为方案设计、初步设计和施工图设计三个阶段；对于技术要求简单的民用建筑工程，经有关主管部门同意，并且合同中有不做初步设计的约定，可在方案设计审批后直接进入施工图设计。

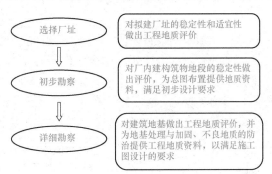

图1-2 勘察工作阶段内容

第一，方案设计阶段。此阶段主要任务是提出设计方案，即根据设计任务书的要求和收集到的必要基础资料，结合基地环境，综合考虑技术经济条件和建筑艺术的要求，对建筑总体布置、空间组合进行可能与合理的安排，提出两个或多个方案供建设单位选择。

方案设计阶段相关图纸和文件见表1-8。

表1-8　　　　　　　　　方案设计阶段相关图纸和文件

序号	相关图纸和文件
1	设计总说明。设计指导思想及主要依据，设计意图及方案特点，建筑结构方案及构造特点，建筑材料及装修标准，主要技术经济指标及结构、设备等系统的说明
2	建筑总平面图。比例为1：500、1：1000，应表示用地范围，建筑物位置、大小、层数及设计标高，道路及绿化布置，技术经济指标。地形复杂时，应表示粗略的竖向设计意图
3	各层平面图、剖面图、立面图。比例为1：100、1：200，应表示建筑物各主要控制尺寸，如总尺寸、开间、进深、层高等，同时应表示标高，门窗位置，室内固定设备及有特殊要求的厅、室的具体布置，立面处理，结构方案及材料选用等
4	工程概算书、建筑物投资估算、主要材料用量及单位消耗量
5	透视图、鸟瞰图或制作模型

第二，初步设计阶段。初步设计一般包括设计说明书、设计图纸、主要设备材料表和工程概算4个部分，相关图纸和文件见表1-9。

表 1-9   **初步设计阶段相关图纸和文件**

序号	相关图纸和文件
1	位置、大小、层数、朝向、设计标高，道路和绿化布置及经济技术指标。地形复杂时，应表示粗略的竖向设计意图
2	各层平面及主要剖面、立面。常用的比例是 1：100 或 1：200，应标出建筑物的总尺寸、开间、进深、层高等各主要控制尺寸，同时要标出门窗位置，各层标高，部分室内家具和设备的布置、立面处理等
3	说明书。设计方案的主要意图及优缺点，主要结构方案及构造特点，建筑材料及装修标准，主要技术经济指标等
4	工程概算书。建筑物投资估算，主要材料用量及单位消耗量
5	大型民用建筑及其他重要工程，必要时可绘制透视图、鸟瞰图或制作模型

第三，施工图设计阶段。施工图设计的主要任务是满足施工要求，即在初步设计或技术设计的基础上，综合建筑、结构、设备各工种，相互交底、核实核对，深入了解材料供应、施工技术、设备等条件，把满足工程施工的各项具体要求反映在图纸中，做到整套图纸齐全统一，明确无误。

施工图设计阶段相关图纸和文件见表 1-10。

表 1-10   **施工图设计阶段相关图纸和文件**

序号	相关图纸和文件
1	建筑总平面。常用比例为 1：500、1：1000、1：2000，应详细标明基地上建筑物、道路、设施等所在位置的尺寸、标高，并附说明
2	各层建筑平面、各个立面及必要的剖面。常用比例为 1：100、1：200。除表达初步设计或技术设计内容，还应详细标出墙段、门窗洞口及一些细部尺寸、详细索引符号等
3	建筑构造节点详图。根据需要可采用 1：1、1：2、1：5、1：20 等比例尺。主要包括檐口、墙身和各构件的连接点，楼梯、门窗及各部分的装饰大样等
4	各工种相应配套的施工图纸。如基础平面图和基础详图、楼板及屋顶平面图和详图、结构构造节点详图等结构施工图；给排水、电气照明以及暖气或空气调节等设备施工图
5	建筑、结构及设备等的说明书
6	结构及设备设计的计算书
7	工程预算书

（4）安排计划。将可行性研究报告和初步设计送请到有条件的工程咨询机构评估，经认可后，报计划部门，经过综合平衡，列入年度基本建设计划。

（5）建设准备工作阶段。项目在开工建设之前，建设单位要切实做好各项准备工作，其主要内容见表 1-11。

表 1 - 11 建设准备工作阶段主要内容

序号	主　要　内　容
1	征地、拆迁和场地平整
2	根据工程实施计划，落实资金
3	完成施工用水、电、通信、道路等接通工作
4	组织招标，选择工程监理单位、施工单位及设备、材料供应商
5	准备必要的施工图纸
6	办理工程质量监督和施工许可手续

（6）工程施工阶段。工程施工阶段即项目的实施阶段，施工开始前应通过招投标择优选取建筑安装施工企业。建筑安装工程施工，一般分为五个阶段：①投标报价和签订合同阶段；②正式施工之前的准备阶段；③全面施工阶段；④交工验收阶段；⑤工程保修阶段。

（7）生产准备阶段。生产准备阶段主要工作内容见表 1 - 12。

表 1 - 12 生产准备阶段主要内容

序号	类别	主　要　内　容
1	招收和培训人员	新招收的职工绝大多数无生产实践经验，要使他们能胜任自己的岗位工作，唯一的办法就是进行培训，通过多种形式的相类似岗位的培训，使他们熟悉并掌握好生产技术和工艺流程
2	生产组织准备	生产管理机构的设置、管理制度的制定、人员配备等
3	生产技术准备	国内装置设计资料的汇总，国外技术资料的翻译，准备试车方案，各工种各个岗位操作规程的编写等
4	生产物资准备	生产物资准备主要是落实原材料、燃料、三剂（催化剂、化学药剂、添加剂）、水、电、气的来源和其他需要协作配合的条件，组织工器具和备品、备件的订货供应，安全、工业卫生、劳动保护用品的准备，产品包装材料准备等

（8）竣工验收阶段。竣工验收阶段须注意以下事项。

1）竣工验收是建设项目完成建设目标的重要标志，也是全面检验基本建设成果、检验设计水平和工程质量的重要步骤。只有竣工验收合格的产品的项目才能转入生产或使用。

2）当建设项目的建设内容全部完成，而且建设内容满足设计要求，并按有关规定经过了单位工程、阶段、专项验收，完成竣工报告、竣工决算等必需文件的编制后，项目法人按建设限度管理规定，向验收主管部门提出申请，验收主管部门按规程组织验收。

3）竣工决算编制完成后，须由审计机关组织竣工决算审计通过。

4）竣工验收分两个阶段进行，首先进行技术预验收，然后进行竣工验收。竣工验收条件不合格的工程验收实行"一票否决制"。有遗留问题的项目，对遗留问题必须有具体的处理意见，且有限期处理的明确要求并落实责任单位和责任人。

（9）后评价阶段。建设项目后评价是工程项目竣工投产、生产经营一段时间后，再对项目的立项决策、设计施工、竣工投产、生产运营等全过程进行系统评价的一种技术经济活动，是固定资产投资管理的一项重要内容，也是固定资产投资管理的最后一个环节。通过建设项目后评价达到肯定成绩、总结经验、研究问题、吸取教训、提出建议、改进工作、不断提高项目决策水平和投资效益的目标。

第 2 章   建设工程造价基础知识

2.1   建设工程造价常见名词释义

1. 工程造价

工程造价是建设工程造价的简称，有两种不同的含义：①建设项目（单项工程）的建设成本，即完成一个建设项目（单项工程）所需费用的总和，从业主角度看就是建设项目总投资，还应包括工程建设其他费、预备费、建设期利息和固定资产调节税（已停止征收）等（总投资还包括铺底资金）；②建设工程的承发包价格（或称承包价格）。

2. 定额

在生产经营活动中，根据一定的技术条件和组织条件，规定为完成一定的合格产品（或工作）所需要消耗的人力、物力或财力的数量标准。它是经济管理的一种工具，是科学管理的基础，定额具有科学性、法令性和群众性等特征。

3. 工日

一种表示工作时间的计量单位，通常以 8 小时为一个标准工日，一个职工的一个劳动日，习惯上称为一个工日，不论职工在一个劳动日内实际工作时间的长短，都按一个工日计算。

4. 定额水平

定额水平是指在一定时期（如一个修编间隔期）内，定额的劳动力、材料、机械台班消耗量的变化程度。

5. 劳动定额

劳动定额是指在一定的生产技术和生产组织条件下，为生产一定数量的合格产品或完成一定量的工作所必需的劳动消耗标准。按表达方式不同，劳动定额分为时间定额和产量定额，其关系为：时间定额×产量＝1。

6. 施工定额

确定建筑安装工人或小组在正常施工条件下，完成每一计量单位合格的建筑安装产品所消耗的劳动、机械和材料的数量标准。

施工定额是企业内部使用的一种定额，由劳动定额、机械定额和材料定额三个相对独立的部分组成。施工定额的作用主要包括如下。

（1）施工定额是编制施工组织设计和施工作业计划的依据。

（2）施工定额是向工人和班组推行承包制、计算工人劳动报酬和签发施工任务单、限额领料单的基本依据。

（3）施工定额是编制施工预算，编制预算定额和补充单位估价表的依据。

7. 工期定额

工期定额是指在一定的生产技术和自然条件下，完成某个单位（或群体）工程平均需用的标准天数。包括建设工期定额和施工工期定额两个层次。

建设工期是指建设项目或独立的单项工程从开工建设起到全部建成投产或交付使用时止，所经历的时间。因不可抗拒的自然灾害或重大设计变更造成的停工，经签证后，可顺延工期。

施工工期是指正式开工至完成设计要求的全部施工内容并达到国家验收标准的天数，施工工期是建设工期中的一部分。

工期定额是评价工程建设速度、编制施工计划、签订承包合同、评价全优工程的依据。

8. 预算定额

确定单位合格产品的分部分项工程或构件所需要的人工、材料和机械台班合理消耗数量的标准，是编制施工图预算，确定工程造价的依据。

9. 概算定额

确定一定计量单位扩大分部分项工程的人工、材料和机械消耗数量的标准。它是在预算定额基础上编制，较预算定额综合扩大。另外，概算定额是编制扩大初步设计概算，控制项目投资的依据。

10. 概算指标

以某一通用设计的标准预算为基础，按 $100m^2$ 等为计量单位的人工、材料和机械消耗数量的标准。概算指标较概算定额更综合扩大，它是编制初步设计概算的依据。

11. 估算指标

在项目建议书可行性研究和编制设计任务书阶段编制投资估算，计算投资需要量的使用的一种定额。

12. 万元指标

以万元建筑安装工程量为单位，制定人工、材料和机械消耗量的标准。

13. 单位估价表

单位估价表是指依据预算定额中分部分项工程项目的人工、材料、机械台班消耗量及工程所在地现行价格，计算和确定的预算定额中该分部分项工程项目预算单价的价目表。例如，确定生产每 $10m^3$ 钢筋混凝土或安装一台某型号铣床设备，所需要的人工费、材料费、施工机械使用费和其他直接费。

14. 投资估算

投资估算是指整个投资决策过程中，依据现有资料和一定的方法，对建设项目的投资数额进行估计。

15. 设计概算

设计概算是指在初步设计或扩大初步设计阶段，根据设计要求对工程造价进行的概略计算。

16. 施工图预算

施工图预算是确定建筑安装工程预算造价的文件，这是在施工图设计完成后，以施工图为依据，根据预算定额、费用标准，以及地区人工、材料、机械台班的预算价格进行编制的。

17. 工程结算

工程结算是指施工企业向发包单位交付竣工工程或点交完工工程取得工程价款收入的结

算业务。

18. 竣工决算

竣工决算是反映竣工项目建设成果的文件，是考核其投资效果的依据，是办理交付、动用、验收的依据，是竣工验收报告的重要部分。

19. 建设工程造价

建设工程造价一般是指进行某项工程建设花费的全部费用，即该建设项目（工程项目）有计划地进行固定资产再生产和形成最低量流动基金的一次性费用总和。它主要由建筑安装工程费用、设备工器具的购置费、工程建设其他费用组成。

20. 建安工程造价

在工程建设中，设备工器具购置并不创造价值，但建筑安装工程则是创造价值的生产活动。因此，在项目投资构成中，建筑安装工程投资具有相对独立性。它作为建筑安装工程价值的货币表现，又称为建安工程造价。

21. 单位造价

按工程建成后所实现的生产能力或使用功能的数量核算每单位数量的工程造价。如每公里铁路造价，每千瓦发电能力造价。

22. 静态投资

静态投资是指编制预期造价时以某一基准年、月的建设要素单价为依据所计算出的造价时值。包括因工程量误差而可能引起的造价增加。不包括以后年月因价格上涨等风险因素而需要增加的投资，以及因时间迁移而发生的投资利息支出。

23. 动态投资

动态投资是指完成一个建设项目预计所需投资的总和，包括静态投资、价格上涨等风险因素而需要增加的投资及预计所需的投资利息支出。

24. 工程造价管理

运用科学、技术原理和方法，在统一目标、各负其责的原则下，为确保建设工程的经济效益和有关各方的经济权益而对建设工程造价及建安工程价格所进行的全过程、全方位的，符合政策和客观规律的全部业务行为和组织活动。

25. 工程造价全过程管理

为确保建设工程的投资效益，对工程建设从可行性研究开始经初步设计、扩大初步设计、施工图设计、承发包、施工、调试、竣工投产、决算、后评估等的整个过程，围绕工程造价所进行的全部业务行为和组织活动。

26. 工程造价合理计定

采用科学的计算方法和切合实际的计价依据，通过造价的分析比较，促进设计优化，确保建设项目的预期造价核定在合理的水平上，包括能控制住实际造价在预期价允许的误差范围内。

27. 工程造价的有效控制

在对工程造价进行全过程管理中，从各个环节着手采取措施，合理使用资源，管好造价，保证建设工程在合理确定预期造价的基础上，实际造价能控制在预期造价允许的误差范围内。

28. 工程造价动态管理

估、概、预算所采用的计价依据，以及工程造价的计定的控制，是建立在时间变迁上和市场变化基础上的，能适应客观实际走势，从而控制住工程的实际造价在预期造价的允许误差范围内，并确保建设工程价格的公平、合理。

29. 营改增

营业税改增值税（简称营改增）是指以前缴纳营业税的应税项目改成缴纳增值税，增值税只对产品或者服务的增值部分纳税，减少了重复纳税的环节。在增值税税制下，工程造价可按以下公式计算：工程造价＝税前工程造价×（1＋11％）。其中，11％为建筑业增值税税率，税前工程造价为人工费、材料费、施工机具使用费、企业管理费、利润和规费之和，各费用项目均以不包含增值税可抵扣进项税额的价格计算。

2.2 建设工程造价分类与构成

2.2.1 建设工程造价简述

工程造价是建设工程造价的简称，其含义有广义与狭义之分。

（1）广义上讲，是指完成一个建设项目从筹建到竣工验收、交付使用全过程所花费的全部建设费用，可以指预期费用，也可以指实际费用。指有计划地建设某项工程，预期开支或实际开支的全部固定资产和流动资产投资的费用，也称为总投资。它包括固定资产投资（工程造价，其包括建设投资、建设期利息，建设投资包括工程费用、工程建设其他费用、预备费）、流动资产投资（流动资金）等。另外，非生产性建设项目的工程总造价就是建设项目固定资产投资的总和。生产性建设项目的总造价是固定资产投资和铺底流动资金投资的总和。

（2）狭义上讲，建设项目各组成部分的造价，均可用工程造价一词，如某单位工程的造价，某分包工程造价（合同价）等。这样，在整个基本建设程序中，确定工程造价的工作与文件就有投资估算、设计概算、修正概算、施工图预算、施工预算、工程结算、竣工决算、标底与投标报价、承发包合同价的确定等。

2.2.2 建设工程造价的分类

建设工程造价按其建设阶段计价可分为项目建议书或可研阶段的投资估算、初步设计阶段的设计概算、技术设计阶段的修正概算、施工图设计阶段的施工图预算、发承包阶段的合同价、工程竣工阶段的竣工结算、建设项目及试运行后交付使用前的竣工决算等。按其构成的分部计价可分为建设项目总概预结算造价、单项工程的综合概预结算和单位工程概预结算造价。建筑工程造价的分类如图2-1所示。

2.2.3 建设工程造价的构成

建设项目总投资是指项目建设期用于项目的建设投资、建设期贷款利息和流动资金的总和。一般把建设投资与建设期贷款利息的总和称为建设项目工程造价。建设项目工程造价费用构成如图2-2所示。

（1）建设投资。建设投资由工程费用（建筑工程费、设备购置费、安装工程费）、工程建设其他费用和预备费（基本预备费和价差预备费）组成。其中，建筑工程费和安装工程费有时又统称为建筑安装工程费。

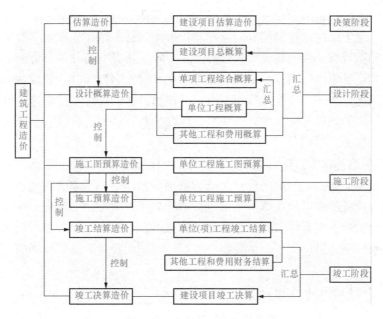

图 2-1 建筑工程造价分类

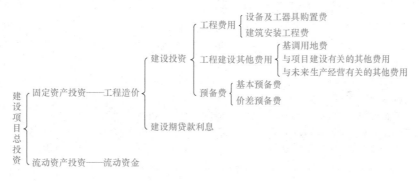

图 2-2 建设项目工程造价费用构成

（2）建设期贷款利息。建设期贷款利息包括支付金融机构的贷款利息和为筹集资金而发生的融资费用。

（3）流动资金。流动资金是指生产经营性项目投产后，用于购买原材料、燃料、备品备件，保证生产经营和产品销售所需要的周转资金。

1. 设备及工具、器具购置费用

设备及工具、器具购置费用是由设备购置费和工具、器具及生产家具购置费用组成的。

（1）设备购置费的构成。设备购置费是指为建设项目购置或自制的达到固定资产标准的各种国产或进口设备、工具、器具等所需的费用。它由设备原价和设备运杂费构成。设备原价是指国产设备或进口设备的原价；设备运杂费是指除设备原价之外的关于设备采购运输、途中包装及仓库保管等方面支出费用的总和。

1）国产标准设备原价构成。国产设备原价一般指的是设备制造厂的交货价即出厂价或订货合同价，一般根据生产厂或供应商的询价、报价、合同价确定，或采用一定的方法计算确定。国产设备原价分为国产标准设备原价和国产非标准设备原价。

国产标准设备原价。国产标准设备是指按照主管部门颁布的标准图纸和技术要求，由我国设备生产厂批量生产的，符合国家质量检测标准的设备。国产标准设备原价有两种，即带有备件的原价和不带有备件的原价。在计算时，一般采用带有备件的原价。

国产非标准设备原价。国产非标准设备是指国家尚无定型标准，各设备生产厂不可能在工艺过程中采用批量生产，只能按订货要求，并根据具体的设计图纸制造的设备。非标准设备原价有多种不同的计算方法，主要有成本计算估价法、系列设备插入估价法、分部组合估价法和定额估价法等。

2）进口设备原价构成。进口设备原价是指进口设备的抵岸价，即抵达买方边境港口或边境车站，且缴完关税为止形成的价格。抵岸价通常是由进口设备到岸价（CIF）和进口从属费构成。进口设备的到岸价，即抵达买方边境港口或边境车站的价格。在国际贸易中，交易双方所使用的交货类别不同，则交易价格的构成内容也有所差异。进口从属费用包括银行财务费、外贸手续费、进口关税、消费税、进口环节增值税等，进口车辆的还须缴纳车辆购置税。

国际贸易中常用的交易术语有 FOB、CFR 和 CIR，具体内容见表 2-1。

表 2-1   国际贸易常用交易术语及主要内容

交货类别	主要内容	卖方义务	买方义务
FOB（Free On Board）	意为装运港船上交货，又称为离岸价格，当货物在指定的装运港越过船舷，卖方即完成交货义务。风险转移，以在指定的装运港货物越过船舷时为分界点。费用划分与风险转移的分界点相一致	（1）办理出口清关手续，自负风险和费用，领取出口许可证及其他官方文件；（2）在约定的日期或期限内，在合同规定的装运港，按港口惯常的方式，把货物装上买方指定的船只，并及时通知买方；（3）承担货物在装运港越过船舷之前的一切费用和风险；（4）向买方提供商业发票和证明货物已交至船上的装运单据或具有同等效力的电子单证	（1）负责租船订舱，按时派船到合同约定的装运港接运货物，支付运费，并将船期、船名及装船地点及时通知卖方；（2）负担货物在装运港越过船舷后的各种费用以及货物灭失或损坏的一切风险；（3）负责获取进口许可证或其他官方文件，以及办理货物入境手续；（4）受领卖方提供的各种单证，按合同规定支付货款
CFR（Cost and Freight）	意为成本加运费，或称为运费在内价，是指在装运港货物越过船舷卖方即完成交货，卖方必须支付将货物运至指定的目的港所需的运费和费用，但交货后货物灭失或损坏的风险，以及由于各种事件造成的任何额外费用，即由卖方转移到买方。与 FOB 价格相比，CFR 的费用划分与风险转移的分界点是不一致的	（1）提供合同规定的货物，负责订立运输合同，并租船订舱，在合同规定的装运港和规定的期限内，将货物装上船并及时通知买方，支付运至目的港的运费；（2）负责办理出口清关手续，提供出口许可证或其他官方批准的文件；（3）承担货物在装运港越过船舷之前的一切费用和风险；（4）按合同规定提供正式有效的运输单据、发票或具有同等效力的电子单证	（1）承担货物在装运港越过船舷以后的一切风险及运输途中因遭遇风险所引起的额外费用；（2）在合同规定的目的港受领货物，办理进口清关手续，缴纳进口税；（3）受领卖方提供的各种约定的单证，并按合同规定支付货款

续表

交货类别	主要内容	卖方义务	买方义务
CIF (Cost Insurance and Freight)	意为成本加保险费、运费，习惯称到岸价格	卖方除负有与 CFR 相同的义务外，还应办理货物在运输途中最低险别的海运保险，并应支付保险费	除保险这项义务，买方的义务与 CFR 相同

3）进口设备到岸价的构成与计算。进口设备到岸价的计算公式为

$$进口设备到岸价 = 离岸价格（FOB）+ 国际运费 + 运输保险费$$

货价。一般是指装运港船上交货价（FOB）。设备货价分为原币货价和人民币货价，原币货价一律折算为美元表示，人民币货价按原币货价乘以外汇市场美元兑换人民币汇率中间价确定。进口设备货价按有关生产厂商询价、报价、订货合同价计算。

国际运费。即从装运港（站）到达我国抵达港（站）的运费。我国进口设备大部分采用海洋运输，小部分采用铁路运输，个别采用航空运输。进口设备国际运费计算公式为

$$国际运费（海、陆、空）= 原币货价（FOB）× 运费率$$
$$国际运费（海、陆、空）= 单位运价 × 运量$$

其中，运费率或单位运价参照有关部门或进出口公司的规定执行。

运输保险费。是交付议定的货物运输保险费用。计算公式为

$$运输保险费 = \frac{原币货价（FOB）+ 国外运费}{1 - 保险费率} × 保险费率$$

4）进口从属费的构成与计算。进口从属费的构成用公式表示为

$$进口从属费 = 银行财务费 + 外贸手续费 + 关税 + 消费税 + 进口环节增值税 + 车辆购置税$$

银行财务费。一般是指在国际贸易结算中，中国银行为进出口商提供金融结算服务所收取的费用，可按下式简化计算

$$银行财务费 = 离岸价格（FOB）× 人民币外汇汇率 × 银行财务汇率$$

外贸手续费。是指按规定的外贸手续费率计取的费用，外贸手续费率一般取 1.5%。其计算公式为

$$外贸手续费 = 到岸价格（CIF）× 人民币外汇汇率 × 外贸手续费率$$

关税。由海关对进出国境或关境的货物和物品征收的一种税。计算公式为

$$关税 = 到岸价格（CIF）× 人民币外汇汇率 × 进口关税税率$$

消费税。仅对部分进口设备（如轿车、摩托车等）征收，一般计算公式为

$$消费税 = \frac{到岸价格（CIF）× 人民币外汇汇率 + 关税}{1 - 消费税税率} × 消费税税率$$

进口环节增值税。是对从事进口贸易的单位和个人，在进口商品报关进口后征收的税种。我国增值税条例规定，进口应税产品均按组成计税价格和增值税税率直接计算应纳税额。即

$$进口环节增值税额 = 组成计税价格 × 增值税税率$$
$$组成计税价格 = 关税完税价格 + 关税 + 消费税$$

车辆购置税。进口车辆需缴进口车辆购置税。计算公式为

进口车辆购置税 ＝（关税完税价格 ＋ 关税 ＋ 消费税）× 车辆购置税率

【例 2-1】 从某国进口设备，重 850 吨，装运到港船上交货价为 340 万美元，工程建设项目位于国内某城市。假设国际运费标准为 250 美元/吨，海上运输保险费率为 3‰，银行财务费率为 4‰，外贸手续费率为 1.2%，关税税率为 20%，增值税税率为 11%，消费税税率为 10%，银行外汇牌价为 1 美元＝6.8 元人民币，试对该设备的原价进行估算。

解：进口设备 FOB＝ 400×6.8＝2720（万元）

国际运费＝250×850×6.8＝144.5（万元）

海运保险费＝（2720＋144.5）/（1－0.3%）×0.3%＝8.62（万元）

CIF＝2720＋144.5＋8.65＝2873.15（万元）

银行财务费＝2720×4‰＝10.88（万元）

外贸手续费＝2873.15×1.2%＝34.48（万元）

关税＝2873.15×20%＝574.63（万元）

消费税＝（2873.15＋574.63）/（1－10%）×10%＝383.09（万元）

增值税＝（2873.15＋574.63＋383.09）×11%＝421.40（万元）

进口从属费＝10.88＋34.48＋574.63＋383.09＋421.40＝1424.48（万元）

进口设备原价＝2873.15＋1424.48＝4297.63（万元）

5）设备运杂费的构成与计算。设备运杂费通常包括：运费和装卸费、包装费、设备供销部门手续费、采购与仓库保管费。具体内容见表 2-2。

表 2-2　　　　　　　　　　设备运杂费的构成

序号	费用	具体内容
1	运费和装卸费	（1）国产设备的运费和装卸费是指国产设备由设备制造厂交货地点至工地仓库（或施工组织设计指定的需要安装设备的堆放地点）止所发生的运费和装卸费； （2）进口设备的运费和装卸费则是由我国到岸港口或边境车站起至工地仓库（或施工组织设计指定的需安装设备的堆放地点）止所发生的运费和装卸费
2	包装费	包装费是指在设备原价中没有包含的，为运输而进行的包装支出的各种费用
3	设备供销部门手续费	按有关部门规定的统一费率计算
4	采购与仓库保管费	采购与仓库保管费是指采购、验收、保管和收发设备所发生的各种费用，包括设备采购人员、保管人员和管理人员的工资、工资附加费、办公费、差旅交通费、设备供应部门办公和仓库所占固定资产使用费、工具用具使用费、劳动保护费、检验实验费等。这些费用可按主管部门规定的采购与保管费率计算

设备运杂费按下式计算：设备运杂费 ＝设备原价 ×设备运杂费率

式中，设备运杂费由各部门及省、市有关规定计取

（2）工具、器具及生产家具购置费用构成与计算。工具、器具及生产家具购置费是指新建或扩建项目初步设计规定的，保证初期正常生产必须购置的没有达到固定资产标准

的设备、仪器、工卡模具、器具、生产家具和备品备件等的购置费用。该项费用一般以设备购置费为计算基数，按照部门或行业规定的工具、器具及生产家具费率计算。其计算公式为

$$工具、器具及生产家具购置费 = 设备购置费 \times 定额费率$$

2. 建筑安装工程费用

（1）建筑安装工程费用构成。

建筑安装工程费是指为完成工程项目建造、生产性设备及配套工程安装所需的费用。按费用构成要素分类如图 2-3 所示。

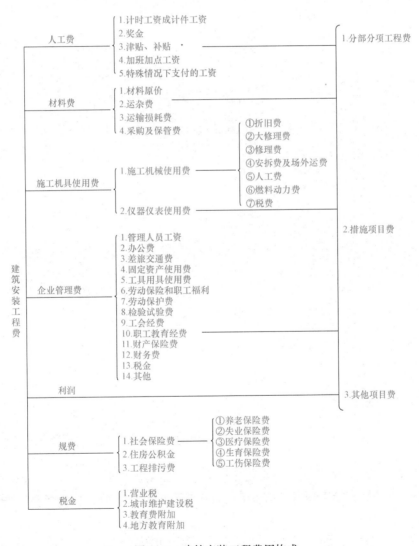

图 2-3　建筑安装工程费用构成

按造价形成划分如图 2-4 所示。

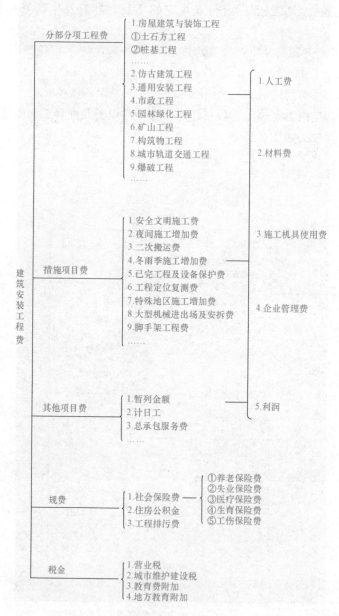

(按清价形成划分)

图2-4 建筑安装工程造价的构成

（2）直接费的构成与计算。直接费由直接工程费和措施费组成。

1）直接工程费。直接工程费是指施工过程中耗费的构成工程实体的各项费用，包括以下几种费用。

①人工费。人工费是指直接从事建筑安装工程施工的生产工人开支的各项费用。其计算公式为

$$人工费 = \sum（工日消耗量 \times 日工资单价）$$

其内容包括基本工资、工资性补贴、生产工人辅助工资、职工福利费和生产工人劳动保护费等。

②材料费。材料费是施工过程中耗费的构成工程实体的原材料、辅助材料、构配件、零件、半成品的费用。内容包括材料原价、材料运杂费、运输损耗费、采购及保管费和检验试验费。其中，检验试验费包括自设试验室进行试验所耗用的材料和化学药品等费用。不包括新结构、新材料的试验费和建设单位对具有出厂合格证明的材料进行检验，对构件做破坏性试验及其他特殊要求检验试验的费用。其计算公式为

$$材料费 = \sum（材料消耗量 \times 材料基价）+ 检验试验费$$

$$材料基价 = [（供应价格 + 运杂费）\times（1 + 运输损耗率\%）] \times（1 + 采购保管费率\%）$$

$$检验试验费 = \sum（单位材料量检验试验费 \times 材料消耗量）$$

③施工机械使用费。施工机械使用费是施工机械作业所发生的机械使用费以及机械安拆费和场外运费。施工机械台班单价包括折旧费、大修理费、经常修理费、安拆费及场外运费、人工费、燃料动力费和养路费及车船使用税。其中，人工费是指机上司机（司炉）和其他操作人员的工作日人工费及上述人员在施工机械规定的年工作台班以外的人工费。其计算公式为

$$施工机械使用费 = \sum（施工机械台班消耗量 \times 机械台班单价）$$

式中，台班单价由台班折旧费、台班大修费、台班经常修理费、白班安拆费及场外运费、台班人工费、台班燃料动力费和台班养路费及车船使用税构成。

2）措施费。措施费是指为完成工程项目施工，在施工前和施工过程中非工程实体项目的费用。内容包括以下几方面。

①环境保护费。环境保护费是指施工现场为达到环保部门要求所需要的各项费用。其计算公式为

$$环境保护费 = 直接工程费 \times 环境保护费费率（\%）$$

$$环境保护费费率（\%）= \frac{本项费用年度平均支出}{全年建安产值 \times 直接工程费占总造价比例（\%）}$$

②文明施工费。

文明施工费是指施工现场文明施工所需要的各项费用。其计算公式为

$$文明施工费 = 直接工程费 \times 文明施工费费率（\%）$$

$$文明施工费费率（\%）= \frac{本项费用年度平均支出}{全年建安产值 \times 直接工程费占总造价比例（\%）}$$

③安全施工费。安全施工费是指施工现场安全施工所需要的各项费用。其计算公式为

$$安全施工费 = 直接工程费 \times 安全施工费费率（\%）$$

$$安全施工费费率（\%）= \frac{本项费用年度平均支出}{全年建安产值 \times 直接工程费占总造价比例（\%）}$$

④临时设施费。临时设施费是指施工企业为进行建筑工程施工所必须搭设的生活和生产用的临时建筑物、构筑物和其他临时设施费用等。临时设施费用包括临时设施的搭设、维修、拆除费或摊销费。其计算公式为

$$临时设施费 =（周转使用临建费 + 一次性使用临建费）\times [1 + 其他临时设施所占比例（\%）]$$

$$周转使用临时费 = \sum \left[\frac{临时面积 \times 每平方米造价}{使用年限 \times 365 \times 利用率（\%）} \times 工期（天）\right] + 一次性拆除费$$

$$一次性使用临建费 = \sum 临建面积 \times 每平方米造价 \times [1 - 残值率（\%）+ 一次性拆除费]$$

⑤夜间施工费。夜间施工费是指因夜间施工所发生的夜班补助费、夜间施工降噪、夜间施工照明设备摊销及照明用电等费用。其计算公式为

$$夜间施工增加费=\left(1-\frac{合同工期}{定额工期}\right)\times\frac{直接工程费中的人工费合计}{平均日工资单价}\times每工日夜间施工费开支$$

⑥二次搬运费。二次搬运费是指因施工场地狭小等特殊情况而发生的二次搬运费用。其计算公式为

$$二次搬运费 = 直接工程费 \times 二次搬运费费率（\%）$$

$$二次搬运费费率（\%）=\frac{年平均二次搬运费开去额}{全年建安产值\times直接工程费占总价的比例（\%）}$$

⑦大型机械设备进出场及安拆费。其计算公式为

$$大型机械设备进出场及安拆费=\frac{一次进出场及安拆费\times年平均安拆次数}{年工作台班}$$

⑧混凝土、钢筋混凝土模板及支架费。混凝土、钢筋混凝土模板及支架费是指混凝土施工过程中需要的各种钢模板、木模板、支架等的支、拆、运输费用及模板、支架的摊销（或租赁）费用。其计算公式为

$$模板及支架费 = 模板摊销量 \times 模板价格 + 支、拆、运输费$$

其中

$$脚手架摊销量=单位一次使用量\times\frac{（1-残值率）}{（耐用期\div一次使用期）}$$

$$租赁费 = 模板使用量 \times 使用日期 \times 租赁价格 + 支、拆、运输费$$

⑨脚手架费。脚手架费包括脚手架搭拆费和摊销（或租赁）费用。其计算公式为

$$脚手架搭拆费 = 脚手架摊销量 \times 脚手架价格 + 搭、拆、运输费$$

其中，

$$脚手架摊销量=单位一次使用量\times\frac{（1-残值率）}{（耐用期\div一次使用期）}$$

$$租赁费 = 脚手架每日租金 \times 搭设周期 + 搭、拆、运输费$$

⑩已完工程及设备保护费。已完工程及设备保护费是指竣工验收前，对已完工程及设备进行保护所需费用。其计算公式为

$$已完工程及设备保护费 = 成品保护所需机械费＋材料费＋人工费$$

⑪施工排水、降水费。施工排水、降水费是指为确保工程在正常条件下施工，采取各种排水、降水措施所发生的各种费用。其计算公式为

$$排水降水费 = \sum排水降水机械台班费\times排水降水周期＋排水降水使用材料费＋人工费$$

对于措施费的计算，这里只列出通用措施费项目的计算方法，各专业工程的专用措施费项目的计算方法由各地区或国家有关专业主管部门的工程造价管理机构自行制定。

（3）间接费的构成与计算。间接费包括规费和企业管理费两个部分。

1）规费。规费是指政府和有关权力部门规定必须缴纳的费用（简称规费），它包括工程排污费、社会保险费（养老保险费、失业保险费、医疗保险费、生育保险费、工伤保险费）和住房公积金等。

2）企业管理费。企业管理费是指建筑安装企业组织施工生产和经营管理所需费用，它包括管理人员工资、办公费、差旅交通费、固定资产使用费、工具用具使用费、劳动保险

费、工会经费、职工教育经费、财产保险费、财务费、税金和其他。具体内容见表 2-3。

表 2-3　　　　　　　　　　　　　企业管理费组成

序号	基本组成	主　要　内　容
1	管理人员工资	管理人员工资是指管理人员的基本工资、工资性补贴、职工福利费和劳动保护费等
2	办公费	办公费是指企业管理办公用的文具、纸张、账表、印刷、邮电、书报、会议、水电、烧水和集体取暖（包括现场临时宿舍取暖）用煤等费用
3	差旅交通费	差旅交通费是指职工因公出差、调动工作的差旅费、住勤补助费、市内交通费和误餐补助费、职工探亲路费、劳动力招募费、职工离退休、退职一次性路费、工伤人员就医路费和工地转移费，以及管理部门使用的交通工具的油料、燃料、养路费及牌照费
4	固定资产使用费	固定资产使用费是指管理和试验部门及附属生产单位使用的属于固定资产的房屋、设备仪器等的折旧、大修、维修或租赁费
5	工具用具使用费	工具用具使用费是指管理使用的不属于固定资产的生产工具、器具、家具、交通工具，以及检验、试验、测绘、消防等用具的购置、维修和摊销费
6	劳动保险费	劳动保险费是指由企业支付离退休职工的易地安家补助费、职工退职金、六个月以上的病假人员上资、职工死亡丧葬补助费、抚恤费、按规定支付给离休干部的各项经费
7	工会经费	工会经费是指企业按职工工资总额计提的工会经费
8	职工教育经费	职工教育经费是指企业为职工学习先进技术和提高文化水平，按职工工资总额计提的费用
9	财产保险费	财产保险费是指企业管理用财产、车辆保险费
10	财务费	财务费是指企业为筹集资金而发生的各种费用
11	税金	税金是指企业按规定缴纳的房产税、车船使用税、土地使用税、印花税等
12	其他	技术转让费、技术开发费、业务招待费、绿化费、广告费、公证费、法律顾问费、审计费、咨询费等

（4）利润。利润是指施工企业完成所承包工程获得的盈利。在编制概算和预算时，依据不同投资来源、工程类别实行差别利润率。在投标报价时，企业可以根据工程的难易程度、市场竞争情况和自身的经营管理水平自行确定合理的利润率。

（5）税金。国家税法规定的应计入建筑安装工程造价内的增值税销项税额。用于开支进项税额和缴额应纳税额。其计算公式为

$$税金＝税前造价×增值税税率$$

3. 工程建设其他费用

（1）土地使用费。土地使用费是指通过划拨方式取得土地使用权而支付的土地征用及迁移补偿费；或者是通过土地使用权出让方式取得土地使用权而支付的土地使用权出让金。

1）土地征用及迁移补偿费。土地征用及迁移补偿费是指建设项目通过划拨方式取得无限期的土地使用权，依照《中华人民共和国土地管理法》等规定所支付的费用。其总和一般不得超过被征土地年产值的 20 倍，土地年产值则按该地被征用前 3 年的平均产量和国家规定的价格计算。其内容见表 2-4。

表2-4 土地征用及迁移补偿费组成

序号	费用组成	主 要 内 容
1	土地补偿费	征用耕地（包括菜地）的补偿标准，为该耕地年产值的6～10倍，具体补偿标准由省、自治区、直辖市人民政府在此范围内制定。征用园地、鱼塘、藕塘、苇塘、宅基地、林地、牧场、草原等的补偿标准，由省、自治区、直辖市人民政府制定。征收无收益的土地，不予补偿
2	青苗补偿费和被征用土地上的房屋、水井、树木等附着物补偿费	这些补偿费的标准由省、自治区、直辖市人民政府制定。征用城市郊区的菜地时，还应按照有关规定向国家缴纳新菜地开发建设基金
3	安置补助费	征用耕地、菜地的，每个农业人口的安置补助费为该地每亩（1亩≈667m²）年产值的3～4倍，每亩耕地的安置补助费最高不得超过其年产值的15倍
4	缴纳的耕地占用税或城镇土地使用税、土地登记费及征地管理费等	县市土地管理机关从征地费中提取土地管理费的比率，要按征地工作量大小，视不同情况，在1%～4%提取
5	征地动迁费	包括征用土地上的房屋及附着构筑物、城市公共设施等拆除、迁建补偿费和搬迁运输费，企业单位因搬迁造成的减产、停工损失补贴费，拆迁管理费等
6	水利水电工程水库淹没处理补偿费	包括农村移民安置迁建费，城市迁建补偿费，库区工矿企业、交通、电力、通信、广播、管网、水利等的恢复、迁建补偿费，库底清理费，防护工程费，环境影响补偿费等

2）土地使用权出让金。土地使用权出让金是指建设项目通过土地出让方式，取得有限期的土地使用权。依照《中华人民共和国城镇国有土地使用权出让和转让暂行条例》规定，支付的土地使用权出让金。

明确国家是城市土地的唯一所有者，可分层次、有偿、有限期地出让、转让城市土地。第一层次是城市政府将国有土地使用权出让给用地者，该层次由城市政府垄断经营。出让对象可以是有法人资格的企事业单位，也可以是外商。第二层次及以下层次的转让则发生在使用者之间。

城市土地的出让和转让可采用协议、招标、公开拍卖等方式。

a. 协议方式是由用地单位申请，经市政府批准同意后双方洽谈具体地块及地价。该方式适用于市政工程、公益事业用地，以及需要减免地价的机关、部队用地和需要重点扶持、优先发展的产业用地。

b. 招标方式是在规定的期限内，由用地单位以书面形式投标，市政府根据投标报价、所提供的规划方案及企业信誉综合考虑，择优而取。该方式适用于一般工程建设用地。

c. 公开拍卖是指在指定的地点和时间，由申请用地者叫价应价，价高者得。这完全由市场竞争决定，适用于赢利高的行业用地。

在有偿出让和转让土地时，政府对地价不做统一规定，但应坚持以下原则。

a. 地价对目前的投资环境不产生大的影响。

b. 地价与当地的社会经济承受能力相适应。

c. 地价要考虑已投入的土地开发费用、土地市场供求关系、土地用途和使用年限。

关于政府有偿出让土地使用权的年限各地可根据时间、区位等各种条件做不同的规定，一般可在 30～99 年；通常是按用途确定年限，居住用地 70 年，工业用地 50 年，教科文卫体用地 50 年，商业旅游娱乐 40 年，综合或者其他 50 年。

土地有偿出让和转让土地使用者和所有者要签约，明确使用者对土地享有的权利和对土地所有者应承担的义务。

a. 有偿出让和转让使用权，要向土地受让者征收契税。

b. 转让土地如有增值，要向转让者征收土地增值税。

c. 在土地转让期间，国家要区别不同地段、不同用途，向土地使用者收取土地占用费。

（2）与项目建设有关的其他费用。

1）建设单位管理费。建设单位管理费是指建设项目从立项、筹建、建设、联合试运转、竣工验收交付使用及后评估等全过程管理所需的费用。内容包括建设单位开办费和建设单位经费。

a. 建设单位开办费。建设单位开办费是指新建项目为保证筹建和建设工作正常进行所需办公设备、生活家具、用具、交通工具等购置的费用。

b. 建设单位经费。建设单位经费包括工作人员的基本工资、工资性补贴、职工福利费、劳动保护费、劳动保险费、办公费、差旅交通费、工会经费、职工教育经费、固定资产使用费、工具用具使用费、技术图书资料费、生产人员招募费、工程招标费、合同契约公证费、工程质量监督检测费、工程咨询费、法律顾问费、审计费、业务招待费、排污费、竣工交付使用清理及竣工验收费、后评估费用等。不包括应计入设备、材料预算价格的建设单位采购及保管设备材料所需的费用。

建设单位管理费的计算公式可表达为

建设单位管理费＝单项工程费用之和（包括设备、工具、器具购置费和建筑安装工程费）×建设单位管理费率

建设单位管理费率按照建设项目的不同性质及规模确定。有的建设项目按照建设工期和规定的金额计算建设单位管理费。

2）勘察设计费。勘察设计费是指为本建设项目提供项目建议书、可行性研究报告及设计文件等所需的费用。内容包括如下。

a. 编制项目建议书、可行性研究报告及投资估算、工程咨询、评价，以及为编制上述文件进行勘察、设计、研究试验等所需的费用。

b. 委托勘察、设计单位进行初步设计、施工图设计及概预算编制等所需的费用。

c. 在规定范围内由建设单位自行完成的勘察、设计工作所需的费用。

在勘察设计费中，项目建议书、可行性研究报告按国家颁布的收费标准计算；设计费按国家颁布的工程设计收费标准计算。勘察费：一般民用建筑 6 层以下的按 3～5 元/m² 计算；高层建筑按 8～10 元/m² 计算；工业建筑按 10～12 元/m² 计算。

3）研究试验费。研究试验费是指为建设项目提供和验证设计参数、数据、资料等所进行的必要的试验费用以及设计规定在施工中必须进行试验、验证所需的费用。研究试验费按照设计单位根据本工程项目的需要提出的研究试验内容和要求计算。

4）建设单位临时设施费。建设单位临时设施费是指建设期间建设单位所需临时设施的搭设、维修、推销费用或租赁费用。临时设施包括临时宿舍、文化福利及公用事业房屋与构

筑物、仓库、办公室、加工厂以及规定范围内的道路、水、电、管线等临时设施和小型临时设施。

5）工程监理费。工程监理费是指建设单位委托工程监理单位对工程实施监理工作所需的费用。根据国家物价局、建设部《关于发布工程建设监理费用有关规定的通知》等文件规定，选择下列方法之一计算。

a. 一般情况应按工程建设监理收费标准计算，即占所监理工程概算或预算的百分比计算。

b. 对于单工种或临时性项目，可根据参与监理的年度平均人数，按 3.5 万～5 万元/（人·年）计算。

6）工程保险费。工程保险费是指建设项目在建设期间根据需要实施工程保险所需的费用。包括以各种建筑工程及其在施工过程中的物料、机器设备为保险标的的建筑工程一切险，以安装工程中的各种机器、机械设备为保险标的的安装工程一切险，以及机器损坏保险等。工程保险费根据不同的工程类别，分别以其建筑、安装工程费乘以建筑、安装工程保险费率计算。民用建筑（住宅楼、综合性大楼、商场、旅馆、医院、学校）占建筑工程费的 $0.2\%\sim0.4\%$；其他建筑（工业厂房、仓库、道路、码头、水坝、隧道、桥梁、管道等）占建筑工程费的 $0.3\%\sim0.6\%$；安装工程（农业、工业、机械、电子、电器、纺织、矿山、石油、化学及钢铁工业、钢结构桥梁）占建筑工程费的 $0.3\%\sim0.6\%$。

7）引进技术和进口设备的其他费用。引进技术及进口设备的其他费用包括出国人员费用、国外工程技术人员来华费用、技术引进费、分期或延期付款利息、担保费，以及进口设备检验鉴定费。

a. 出国人员费用。出国人员费用是指为引进技术和进口设备派出人员在国外培训和进行设计联络、设备检验等的差旅费、制装费、生活费等。这项费用根据设计规定的出国培训和工作的人数、时间及派往国家，按财政部、外交部规定的临时出国人员费用开支标准及中国民用航空公司现行国际航线票价等进行计算，其中使用外汇部分应计算银行财务费用。

b. 国外工程技术人员来华费用。国外工程技术人员来华费用是指为安装进口设备、引进国外技术等聘用外国工程技术人员进行技术指导工作所发生的费用。包括技术服务费，外国技术人员的在华工资、生活补贴、差旅费、医药费、住宿费、交通费、宴请费、参观游览等招待费用。这项费用按每人每月费用指标计算。

c. 技术引进费。技术引进费是指为引进国外先进技术而支付的费用。包括专利费、专有技术费（技术保密费）、国外设计及技术资料费、计算机软件费等。这项费用根据合同或协议的价格计算。

d. 分期或延期付款利息。分期或延期付款利息是指利用出口信贷引进技术或进口设备采取分期或延期付款的办法所支付的利息。

e. 担保费。担保费是指国内金融机构为买方出具保函的担保费。这项费用按有关金融机构规定的担保费率计算（一般可按承保金额的 0.5% 计算）。

f. 进口设备检验鉴定费。进口设备检验鉴定费是指进口设备按规定付给商品检验部门的进口设备检验鉴定费。这项费用按进口设备货价的 $0.3\%\sim0.5\%$ 计算。

8）工程承包费。工程承包费是指具有总承包条件的工程公司，对工程建设项目从开始建设至竣工投产全过程的总承包所需的管理费用。具体内容包括组织勘察设计、设备材料采购、非标准设备设计制造与销售、施工招标、发包、工程预决算、项目管理、施工质量监督、隐蔽工程检查、验收和试车直至竣工投产的各种管理费用。该费用按国家主管部门或省、自治区、直辖市协调规定的工程总承包费取费标准计算；如无规定时，一般工业建设项目为投资估算的 6%～8%，民用建筑和市政项目为 4%～6%。不实行工程总承包的项目不计算本项费用。

（3）与企业未来生产经营有关的其他费用。

1）联合试运转费。联合试运转费是指新建企业或新增加生产工艺过程的扩建企业在竣工验收前，按照设计规定的工程质量标准，进行整个车间的负荷或无负荷联合试运转发生的费用支出大于试运转收入的亏损部分。联合试运转费一般根据不同性质的项目，按需要试运转车间的工艺设备购置费的百分比计算。

2）生产准备费。生产准备费是指新建企业或新增生产能力的企业，为保证竣工交付使用进行必要的生产准备所发生的费用。费用内容包括如下。

a. 生产人员培训费，包括自行培训、委托其他单位培训的人员工资、工资性补贴、职工福利费、差旅交通费、学习资料费、学习费、劳动保护费等。

b. 生产单位提前进厂参加施工、设备安装、调试等以熟悉工艺流程及设备性能等人员的工资、工资性补贴、职工福利费、差旅交通费、劳动保护费等。

生产准备费一般根据需要培训和提前进厂人员的人数及培训时间，按生产准备费指标进行估算。生产准备费在实际执行中是一笔在时间、人数、培训深度上很难划分、变化很大的支出，尤其要严格掌握。

3）办公和生活家具购置费。办公和生活家具购置费是指为保证新建、改建、扩建项目初期正常生产、使用和管理所必须购置的办公和生活家具、用具的费用。改、扩建项目所需的办公和生活用具购置费应低于新建项目。其范围包括办公室、会议室、资料档案室、阅览室、文娱室、食堂、浴室、理发室、单身宿舍和设计规定必须建设的托儿所、卫生所、招待所、中小学校等家具用具购置费。这项费用按照设计定员人数乘以综合指标计算，一般为 600～800 元/人。

4. 预备费和建设期利息

（1）预备费。预备费是在建设期内为各种不可预见因素的变化而预留的可能增加的费用，包括基本预备费和价差预备费。

1）基本预备费。基本预备费是指针对项目实施过程中可能发生预料不到的支出而提前预留的费用，又称工程建设不可预见费，主要指设计变更及施工过程中可能增加一些工程量的费用，基本预备费组成见表 2-5。

表 2-5　　　　　　　　　基本预备费组成

序号	内　　　容
1	在批准的初步设计范围内，技术设计、施工图设计及施工过程中所增加的工程费用；设计变更、工程变更、材料代用、局部地基处理等增加的费用
2	一般自然灾害造成的损失和预防自然灾害所采取的措施费用。实行工程保险的工程项目，该费用应适当降低
3	竣工验收时为鉴定工程质量对隐蔽工程进行必要的挖掘和修复产生的费用
4	超规超限设备运输增加的费用

基本预备费是按工程费用和工程建设其他费用两者之和乘以基本预备费费率进行计算的。其计算公式为

基本预备费 ＝（工程费用 ＋ 工程建设其他费用）× 基本预备费费率

其中，基本预备费费率按照国家及部门的有关规定取值。

2）价差预备费。价差预备费是指为在建设期内利率、汇率或价格等因素的变化而预留的可能增加的费用，又称为价格变动不可预见费。价差预备费的内容包括人工、设备、材料、施工机械的价差费，建筑安装工程费及工程建设其他费用调整，利率、汇率调整等增加的费用。

价差预备费一般根据国家规定的投资综合价格指数，按估算年份价格水平的投资额为基数，采用复利方法计算。其计算公式为

$$PF = \sum_{t=1}^{n} I_t \left[(1+f)^m (1+f)^{0.5} (1+f)^{t-1} - 1 \right]$$

式中：PF 为价差预备费；n 为建设期年份数；I_t 为建设期中第 t 年的投资计划额，包括工程费用、工程建设其他费用及基本预备费，即第 t 年的静态投资计划额；f 为年涨价率；m 为建设前期年限（从编制估算到开工建设，单位：年）。

其中，年涨价率，政府部门有规定的按规定执行，若无规定，由可行性研究人员预测。

【例 2 - 2】 某建设项目建筑安装工程费 4000 万元，设备购置费 2000 万元，工程建设其他费用 1500 万元，已知基本预备费费率 4%，项目建设前期年限为 1 年，建设期为 2 年，各年投资计划额为：第一年完成 60%，第二年完成 40%。年涨价率为 5%，求该建设项目建设期间价差预备费。

解：基本预备费 ＝（4000＋2000＋1500）× 4% ＝ 300（万元）

静态投资＝4000＋2000＋1500 ＋ 300 ＝ 7800（万元）

建设期第一年完成投资＝7800×60%＝4680（万元）

第一年涨价预备费为：$PF_1 = I_1 \left[(1+f)(1+f)^{0.5} - 1 \right] = 355.35$（万元）

第二年完成投资＝7800×40%＝3120（万元）

第二年涨价预备费为：$PF_2 = I_2 \left[(1+f)(1+f)^{0.5}(1+f) - 1 \right] = 404.75$（万元）

故建设期的涨价预备费为：$PF = 355.35 + 404.75 = 760.1$（万元）

（2）建设期利息。建设期利息主要是指工程项目在建设期间内发生并计入固定资产的利息，主要是建设期发生的支付银行贷款、出口信贷、债券等的借款利息和融资费用。

当总贷款是分年均衡发放时，建设期利息的计算可按当年借款在年中支用考虑，即当年贷款按半年计息，上年贷款按全年计息。其计算公式为

$$q_j = \left(P_{j-1} + \frac{1}{2} A_j \right) \times i$$

式中：q_j 为建设期第 j 年应计利息；P_{j-1} 为建设期第（$j-1$）年末贷款累计金额与利息累计金额之和；A_j 为建设期第 j 年贷款金额；i 为年利率。

【例 2 - 3】 某建设项目，建设期为 2 年，分年均衡进行贷款，第一年贷款 400 万元，第二年贷款 500 万元，年利率为 10%，建设期内利息只计息不支付，求建设期利息。

解：第一年利息为：$q_1 = \frac{1}{2} A_1 \times i = \frac{1}{2} \times 400 \times 10\% = 20$（万元）

第二年利息为：$q_2 = \left(P_1 + \dfrac{1}{2}A_2\right) \times i = \left(400 + 20 + \dfrac{1}{2} \times 500\right) \times 10\% = 67$（万元）

故建设期利息 $= q_1 + q_2 = 20 + 67 = 87$（万元）

2.3　建设工程计价方法

2.3.1　工程计价原理

建设项目是兼具单件性与多样性的集合体。每一个建设项目的建设都需要按业主的特定需求进行单独设计、单独施工，不能批量生产和按整个项目确定价格，只能采用特殊的计价程序和计价方法，即将整个项目进行分解，划分为可以按有关技术经济参数测算价格的基本构造单元（如定额项目、清单项目），这样就可以计算出基本构造单元的费用。

任何一个建设项目都可以分解为一个或几个单项工程，任何一个单项工程都是由一个或几个单位工程所组成。作为单位工程的各类建筑工程和安装工程仍然是一个比较复杂的综合实体，还需要进一步分解。单位工程可以按照结构部位、路段长度及施工特点或施工任务分解为分部工程。分解成分部工程后，从工程计价的角度，还需要把分部工程按照不同的施工方法、材料、工序及路段长度等，进行更为细致的分解，划分为更为简单细小的部分，即分项工程。分解到分项工程后还可以根据需要进一步划分或组合为定额项目或清单项目，这样就可以得到基本构造单元了。

所以，工程造价的计算公式可表达为

分部分项工程费 $= \sum$ ［基本构造单元工程量（定额项目或清单项目）×相应单价］

因此，工程造价的计价可以分为工程计量和工程计价两个环节。

（1）工程计量。工程计量包括建设项目划分和工程量计算两个方面。

1）建设项目划分。目的是获取基本构造单元。编制工程概算预算时，主要是按工程定额进行项目的划分；编制工程量清单时，主要是按照工程量清单计量规范规定的清单项目进行划分。

2）工程量计算。即按照建设项目的划分和工程量计算规则，根据施工图设计文件和施工组织设计对分项工程实物量进行计算。工程实物量是计价的基础，不同的计价依据有不同的计算规则和规定。目前，工程量计算规则主要包括各类工程定额和各专业工程计量规范规定的计算规则。

（2）工程计价。工程计价包括确定工程单价和计算总价两个方面。

1）确定工程单价。工程单价是指完成单位工程基本构造单元的工程量所需要的基本费用。工程单价包括工料单价和综合单价。

a. 工料单价又称直接工程费单价，包括人工、材料、机械台班费用，是各种人工消耗量、各种材料消耗量、各类机械台班消耗量与其相应单价的乘积。其计算公式为

$$\text{工料单价} = \sum（\text{人材机消耗量} \times \text{人材机单价}）$$

b. 综合单价包括人工费、材料费、机械台班费，还包括企业管理费、利润和风险因素。综合单价根据国家、地区、行业定额或企业定额消耗量和相应生产要素的市场价格来确定。

2）计算总价。工程总价是指按照规定的程序或办法逐级汇总形成的相应工程造价。采

用不同的单价，总价的计算顺序也不太一样。

a. 采用工料单价时，在工料单价确定后，乘以相应定额项目工程量并汇总，得出相应工程直接工程费，再按照相应的取费程序计算其他各项费用，汇总后形成相应工程造价。

b. 采用综合单价时，在综合单价确定后，乘以相应项目工程量，经汇总即可得出分部分项工程费，再按相应的办法计取措施项目、其他项目、规费项目、税金项目费，各项目费汇总后得出相应工程造价。

2.3.2 工程造价计价依据

工程造价计价依据是计算工程造价的各类基础资料的总称。工程造价需要与确定各项因素相关的各种量化的定额或指标等作为计价的基础。计价依据除国家或地方法律规定的以外，一般以合同形式加以确定。工程造价依据可以按照用途和使用对象分类，具体内容见表2-6。

表2-6　　　　　　　　　　　　　　　工程计价分类及具体内容

分类依据	类别	具 体 内 容
按用途分类	规范工程造价的依据	(1) 国家标准GB 50500《建设工程工程量清单计价规范》； (2) GB 50854~GB 50862各专业工程量计算规范； (3) 行业协会推荐性标准等
	计算设备数量和工程量的依据	(1) 可行性研究资料； (2) 初步设计、扩大初步设计、施工图设计图纸和资料； (3) 工程变更及施工现场签证等
	计算分部分项工程人工、材料、机械台班消耗量及费用的依据	(1) 概算指标、概算定额、预算定额； (2) 人工单价； (3) 材料预算单价； (4) 机械台班单价； (5) 工程造价信息等
	计算建筑安装工程费用的依据	(1) 间接费定额； (2) 价格指数等
	计算设备费的依据	(1) 设备价格； (2) 运杂费率等
	计算工程建设其他费用的依据	(1) 用地指标； (2) 各项工程建设其他费用定额等
	和计算造价相关的法规和政策	(1) 包含在工程造价内的税种、税率； (2) 与产业政策、能源政策、环境政策、技术政策和土地等资源利用政策有关的取费标准； (3) 利率和汇率； (4) 其他计价依据等

续表

分类依据	类别	具 体 内 容
按使用对象分类	规范建设单位（业主）计价行为的依据	可行性研究资料、用地指标、工程建设其他费用定额等
	规范建设单位（业主）和承包商双方计价行为的依据	国家标准 GB 50500《建设工程工程量清单计价规范》、GB 50854～GB 50862 各专业工程量计算规范及中国建设工程造价管理协会发布的建设项目投资估算、设计概算、工程结算、全过程造价咨询等规程（CECA/GC 1～10）；初步设计、扩大初步设计、施工图设计；工程变更及施工现场签证；概算指标、概算定额、预算定额；人工单价；材料预算单价；机械台班单价；工程造价信息；间接费定额；设备价格、运杂费率等包含在工程造价内的税种、税率；利率和汇率；其他计价依据等

2.3.3　工程定额计价法

定额计价是指按照各国家建设行政主管部门发布的建设工程预算定额的"工程量计算规则"，同时参照省（自治区、直辖市）建设行政主管部门发布的人工工日单价、机械台班单价、材料，以及设备价格信息及同期市场价格，直接计算出直接工程费，再按规定的计算方法计算间接费、利润、税金，汇总确定建筑安装工程造价。

（1）定额计价基本程序。工程造价在工程招投标价格形成中采用定额计价模式是按预算定额规定的分部分项子目，逐项计算工程量，套用预算定额单价（或单位估价表）确定直接费，然后按规定的取费标准确定其他直接费、现场经费、间接费、计划利润和税金，加上材料调差系数和适当的不可预见费，汇总后即为工程预算或标底，而标底则作为评标定标的主要依据。建设工程概预算计价基本程序如图 2-5 所示。

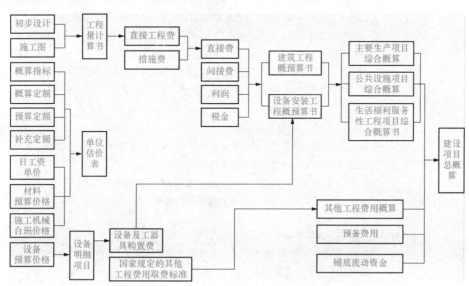

图 2-5　建设工程概预算计价基本程序图解

定额单价法确定工程造价，是我国采用的一种与计划经济相适应的工程造价管理制度。国家以假定的建筑安装产品为对象，制定统一的预算和概算定额，计算出每一单元子项的费用后，再综合形成整个工程的价格。

1）每一计量单位建筑产品的基本构造要素（假定建筑产品）的定额直接费＝人工费＋材料费＋施工机械使用费。其中，人工费 ＝ 人工工日数量× 工人日工资标准；材料费＝材料用量×材料预算价格；机械使用费＝机械台班× 台班单价

2）单位直接工程费＝（假定建筑产品定额直接费）＋其他直接费＋现场经费

3）单位工程概预算造价＝单位直接工程费＋间接费＋利润＋税金

4）单项工程概预算造价＝单位工程概预算造价＋设备、工器具购置费

5）建设项目全部工程预算造价＝单项工程的概预算造价＋有关的其他费用＋预备费

（2）定额计价法步骤。定额计价法步骤及具体内容见表 2-7。

表 2-7　　　　　　　　　　　定额计价法步骤及具体内容

序号	计价步骤	主　要　内　容
1	收集资料	收集资料的内容主要包括：①设计图纸；②现行计价依据、材料价格、人工工资标准、施工机械台班使用定额及有关费用调整的文件等；③工程协议或合同；④施工组织设计或技术组织措施等；⑤工程计价手册等
2	熟悉图纸和现场	（1）熟悉图纸： ①对照图样目录，检查图样是否齐全； ②采用的标准图集是否已经具备； ③对设计说明或附注要仔细阅读； ④设计上有无特殊的施工质量要求，事先列出需要另编补充定额的项目； ⑤平面坐标和竖向布置标高的控制点； ⑥本工程与总图的关系。 （2）施工组织设计内容。施工组织设计是由施工单位根据施工特点、现场情况、施工工期等有关条件编制的，用来确定施工方案、布置现场、计划进度等。 （3）现场实际情况。在图纸和施工组织设计仍不能完全表示时，必须深入现场，进行实际观察，以补充上述的不足。对各种资料和情况掌握得越全面、越具体，工程计价就越准确、越可靠，并且尽可能地将可能考虑到的因素列入计价范围内，以减少开工以后频繁的现场签证
3	定额计价工程量计算	（1）计算工程量的具体步骤 1）依据施工图示的工程内容和定额项目，列出需计算工程量的分部分项。 2）依据一定的计算顺序和计算规则，列出计算式。 3）依据施工图示尺寸及有关数据，代入计算式进行数学计算。 4）按照定额中的分部分项的计量单位对相应的计算结果的计量单位进行调整，使之一致。 （2）工程量计算注意事项 1）要严格按照计价依据的规定和工程量计算规则，结合图样尺寸进行计算，不能随意地加大或缩小各部位的尺寸。 2）计算工程量一定要注明层次、部位、轴线编号及断面符号，以便于核对。 3）尽量采用图中已经通过计算注明的数量和附表。 4）计算时要防止重复计算和漏算

续表

序号	计价步骤	主　要　内　容
4	套定额单价	套定额单价应注意以下事项。 1) 分项工程名称、规格和计量单位必须与定额中所列内容完全一致。 2) 定额换算。 3) 补充定额编制
5	编制工料分析表	根据各分部分项工程的实物工程量和相应定额中的项目所列的用工工日及材料数量,计算出各分部分项工程所需的人工及材料数量,相加汇总便得出该单位工程所需要的各类人工和材料的数量
6	费用计算	在项目、工程量、单价经复查无误后,将所列项目工程实物量全部计算出来后,就可以按所套用的相应定额单价计算直接工程费,再计算直接费、间接费、利润及税金等各种费用,并汇总得出工程造价
7	复核	工程计价完成后,需对工程计价结果进行复核,以便及时发现差错,提高成果质量。复核时,应对工程量计算公式和结果、套价、各项费用的取费及计算基础,以及计算结果、材料、人工价格及其价格调整等方面是否正确进行全面复核
8	编制说明	编制说明是说明工程计价的有关情况,包括编制依据、工程性质、内容范围、设计图样号、所用计价依据、有关部门的调价文件号、套用单价或补充定额子目的情况及其他需要说明的问题
9	编制封面、装订	—
10	盖章、上报	—

2.3.4　工程量清单计价法

工程量清单是表现拟建工程的分部分项工程项目、措施项目、其他项目名称和相应数量的明细清单。工程量清单由招标人按照"计价规范"附录中统一的项目编码、项目名称、计量单位和工程量计算规则进行编制,包括分部分项工程量清单、措施项目清单和其他项目清单。

工程量清单计价法,是在建设工程招投标中,招标人或招标人委托具有工程造价咨询资质的中介机构,按照工程量清单计价办法和招标文件的有关规定,根据施工设计图纸及施工现场实际情况编制反映工程实体消耗和措施性消耗的工程量清单。该清单作为招标文件的一部分提供给投标人,由投标人依据工程量清单自主报价的计价方式。

工程量清单计价采用综合单价计价。综合单价是指完成某工程量清单项目每一计算单位除税金外所发生的所有费用,综合了直接费、管理费和利润等。其对应的图纸内工程量清单即分部分项工程实物量计价表,属于非竞争性费用。而另一部分公共(综合)费用项目表属于竞争性费用,如脚手架费、高层建筑增加费、施工组织措施费及保险费等。在投标报价中,非竞争性费用采用定额法计算,而竞争性费用则根据工程实际情况和自己的实力竞争报价。

工程量清单计价是工程预算改革及与国际接轨的一项重大举措,它使工程招投标造价由政府调控转变为承包方自主报价,实现了真正意义上的公开、公平、合理竞争。

(1) 工程量清单计价基本程序。工程量清单计价的过程可以分为两个阶段,即工程量清单的编制和工程量清单应用两个阶段。具体内容如图2-6、图2-7所示。

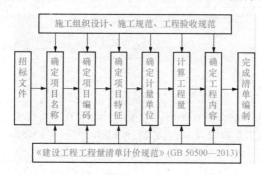

图2-6 工程量清单编制程序

工程量清单计价即按照工程量清单计价规范规定，在各相应专业工程计量规范规定的工程量清单项目设置和工程量计算规则基础上，针对具体工程的施工图纸和施工组织设计计算出各个清单项目的工程量，根据规定的方法计算出综合单价，并汇总各清单合价得出工程总价。

（2）工程量清单计价步骤。工程量清单计价步骤及内容见表2-8。

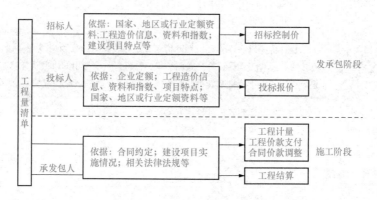

图2-7 工程量清单应用程序

表2-8   清单计价法步骤及具体内容

序号	计价步骤	主 要 内 容
1	收集资料	同定额计价
2	熟悉图纸和现场	同定额计价
3	清单计价工程量计算	同定额计价
4	工程量清单项目组价	工程量清单项目组价的结果是计算该清单项目的综合单价，并不是计算该清单项目的直接工程费
5	分析综合单价	根据各分部分项工程的实物工程量和相应定额中的项目所列的用工工日及材料数量，计算出各分部分项工程所需的人工及材料数量，相加汇总便得出该单位工程所需要的各类人工和材料的数量
6	费用计算	在工程量计算、综合单价分析经复查无误后，即可进行分部分项工程费、措施项目费、其他项目费、规费和税金的计算，从而汇总得出工程造价。其具体计算原则和方法如下。 （1）分部分项工程费＝∑（分部分项工程量×分部分项工程综合单价） 其中，分部分项工程单价由人工费、材料费、机械费、管理费、利润等组成，并考虑风险费用

序号	计价步骤	主　要　内　容
6	费用计算	（2）措施项目费＝∑各措施项目费 其中，措施项目费包括通用项目、建筑工程措施项目、安装工程措施项目和市政工程措施项目等，措施项目综合单价的构成与分项工程单价构成类似。 （3）其他项目费＝暂列金额＋暂估价＋计日工＋总承包服务费 （4）单位工程报价＝分部分项工程费＋措施项目费＋其他项目费＋规费＋税金 （5）单项工程报价＝∑单位工程报价 （6）建设项目总报价＝∑单项工程报价
7	复核	工程计价完成后，须对工程计价结果进行复核，以便及时发现差错，提高成果质量。复核时，应对工程量计算公式和结果、组价、各项费用的取费及计算基础和计算结果、材料和人工价格及其价格调整等方面是否正确进行全面复核
8	编制说明	编制说明是说明工程计价的有关情况，包括编制依据、工程性质、内容范围、设计图样号、所用计价依据、有关部门的调价文件号、组件内容或补充清单项目子目的情况及其他需要说明的问题
9	编制封面、装订	—
10	盖章、上报	—

2.3.5　定额计价与清单计价的区别

定额计价与工程量清单计价是我国建设市场发展过程中不同阶段形成的两种计价方法，二者在表现形式、造价构成、项目划分、编制主体、计价依据、计算规则及价格调整等方面都存在差异，而最为本质的区别是：定额计价方式确定的工程造价具有计划价格的特征，而工程量清单计价方式确定的工程造价具有市场价格的特征。定额计价与清单计价的具体区别可以参见表 2-9。

表 2-9　　　　　　　　　　定额计价与工程量清单计价的区别

序号	区别项目	定额计价	清单计价
1	计价依据	统一的预算定额＋费用定额＋调价系数，由政府定价	企业定额，由市场竞争定价
2	定价原则	按工程造价管理机构发布的有关规定及定额中的基价定价	按照清单的要求，企业自主报价，反映的是市场决定价格
3	项目设置	现行预算基础定额的项目一般是按施工工序、工艺进行设置的，定额项目包括的工程内容一般是单一的	工程量清单项目的设置是以一个"综合实体"考虑的，"综合项目"一般包括多个子目工程内容

序号	区别项目	定额计价	清 单 计 价
4	计价项目划分	定额计价模式中计价项目的划分以施工工序为主，内容单一（有一个工序即有一个计价项目）	清单计价模式中计价项目的划分分别以工程实体为对象，项目综合度较大，将形成某实体部位或构件必需的多项工序或工程内容并为一体，能直观地反映出该实体的基本价格
		定额计价模式中计价项目的工程实体与措施合二为一。即该项目既有实体因素又包含措施因素在内	清单计价模式工程量计算方法是将实体部分与措施部分分离，有利于业主、企业视工程实际自主组价，实现了个别成本控制
		定额计价模式的项目划分中着重考虑了施工方法因素，从而限制了企业优势的展现	清单计价模式的项目中不再与施工方法挂钩，而是将施工方法的因素放在组价中由计价人考虑
5	单价组成	定额计价模式中使用的单价为"工料单价法"，即人＋材＋机，将管理费、利润等在取费中考虑。定额计价采用定额子目基价，定额子目基价只包括定额编制时期的人工费、材料费、机械费、管理费，并不包括利润和各种风险因素带来的影响	清单计价模式中使用的单价为"综合单价法"，单价组成为：人工＋材料＋机械＋管理费＋利润＋风险。使用"综合单价法"更直观地反映了各计价项目（包括构成工程实体的分部分项工程项目和措施项目、其他项目）的实际价格，但现阶段不包括规费和税金。各项费用均由投标人根据企业自身情况和考虑各种风险因素自行编制
6	价差调整	按工程承发包双方约定的价格与定额价对比，调整价差	按工程承发包双方约定的价格直接计算，除招标文件规定外，不存在价差调整问题
7	工程量计算规则	按定额工程量计算规则计算：定额计价模式按分部分项工程的实际发生量计量	按清单工程量计算规则计算：清单计价模式则按分部分项实物工程量净量计量，当分部分项子目综合多个工程内容时，以主体工程内容的单位为该项目的计量单位
8	人工、材料、机械消耗量	定额计价的人工、材料、机械消耗量按《综合定额》标准计算，《综合定额》标准按社会平均水平编制	工程量清单计价的人工、材料、机械消耗量由投标人根据企业的自身情况或《企业定额》自定，它真正反映企业的自身水平
9	计价程序	定额计价的思路与程序是：直接费＋间接费＋利润＋差价＋规费＋税金	清单计价的思路与程序是：分部分项工程费＋措施项目费＋其他项目费＋规费＋税金
10	计价方法	根据施工工序计价，即将相同施工工序的工程量相加汇总，选套定额，计算出一个子项的定额分部分项工程费，每个项目独立计价	按一个综合实体计价，即子项目随主体项目计价，由于主体项目与组合项目是不同的施工工序，所以往往要计算多个子项才能完成一个清单项目的分部分项工程综合单价，每一个项目组合计价
11	计价过程	招标方只负责编写招标文件，不设置工程项目内容，也不计算工程量。工程计价的子目和相应的工程量是由投标方根据文件确定的。项目设置、工程量计算、工程计价等工作在一个阶段内完成	招标方必须设置清单项目并计算清单工程量，同时在清单中对清单项目的特征和包括的工程内容必须清晰、完整地告诉投标人，以便投标人报价，清单计价模式由两个阶段组成：①招标方编制工程量清单；②投标方拿到工程量清单后根据清单报价

续表

序号	区别项目	定额计价	清 单 计 价
12	计价价款构成	定额计价价款包括分部分项工程费、利润、措施项目费、其他项目费、规费和税金，而分部分项工程费中的子目基价是指为完成《综合定额》分部分项工程所需的人工费、材料费、机械费、管理费。子目基价是综合定额价，它没有反映企业的真正水平和没有考虑风险的因素	工程量清单计价款是指完成招标文件规定的工程量清单项目所需的全部费用，包括分部分项工程费、措施项目费、其他项目费、规费和税金，完成每项工程内容所需的全部费用（规费、税金除外），工程量清单中没有体现的，施工中又必须发生的工程内容所需的费用，考虑风险因素而增加的费用
13	使用范围	编审标底，设计概算、工程造价鉴定	全部使用国有资金投资或国有资金为主的大中型建设工程和需招标的小型工程
14	工程风险	工程量由投标人计算和确定，差价一般可调整，故投标人一般只承担工程量计算风险，不承担材料价格风险	招标人编制工程量清单，计算工程量，数量不准确会被投标人发现并利用，招标人要承担差量的风险，投标人报价应考虑多种因素，由于单价通常不调整，故投标人要承担组成价格的全部因素风险

第3章 快速掌握定额计价

建设工程定额，是指在正常的施工条件下完成单位合格建筑产品所必须消耗的人工、材料、机械台班和资金的数量标准。建设工程定额是建设工程造价和管理中各类定额的总称，包括许多类的定额，可以按照不同的原则和方法分类。

建设工程定额分类具体内容见表3-1。

表3-1　　　　　　　　　　　　　　　建设工程定额分类

序号	分类依据	定额类别	具体内容
1	生产要素	劳动消耗定额	又称人工定额。它规定了在正常施工条件下某工种的某一等级工人，为生产单位合格产品所必须消耗的劳动时间，或在一定的劳动时间中所生产合格产品的数量
		材料消耗定额	是在节约和合理使用材料的条件下，生产单位合格产品必须消耗的一定品种规格的原材料、燃料、半成品或构件的数量
		机械台班消耗定额	是在正常施工条件下，利用某种机械生产单位合格产品所必须消耗的机械工作时间，或在单位时间内，机械完成合格产品的数量
2	编制程序及用途	施工定额	是以同一性质的施工过程作为研究对象，属于企业定额的性质。由人工定额、材料消耗定额和施工机械台班使用定额所组成
		预算定额	是以建筑物或构筑物各个分部分项工程对象编制的定额。是以施工定额为基础综合扩大编制的，是编制施工图预算的主要依据，同时也是编制概算定额的基础
		概算定额	是以扩大的分部分项工程为对象编制的。是编制扩大初步设计概算、确定建设项目投资额的依据，一般是在预算定额的基础上综合扩大而成的
		概算指标	是概算定额的扩大与合并，以整个建筑物和构筑物为对象，以更为扩大的计量单位来编制的。一般是在概算定额和预算定额的基础上编制的，是设计单位编制设计概算或建设单位编制年度投资计划的依据，也可作为编制估算指标的基础
		投资估算指标	是以独立的单项工程或完整的工程项目为对象，是在项目建议书和可行性研究阶段编制投资估算、计算投资需要量时使用的一种指标
3	投资的费用性质	建筑工程定额	是在正常施工条件下，完成单位合格产品所必须消耗的劳动力、材料、机械台班的数量标准
		设备安装工程定额	是设备安装工程的施工定额、预算定额、概算定额和概算指标的统称
		建筑安装工程费用定额	建筑安装工程费用定额是由间接费，利润和税金等定额组成

3.1　建 设 工 程 预 算 定 额

3.1.1　建设工程预算定额的内容与作用

（1）预算定额的内容。建设工程预算定额（以建筑工程为例）一般由总说明、分部说明、分节说明、建筑面积计算规则、工程量计算规则、分项工程消耗指标、分项工程基价、机械台班预算价格、材料预算价格、砂浆和混凝土配合比表、材料损耗率表等内容构成，具体如图 3-1 所示。

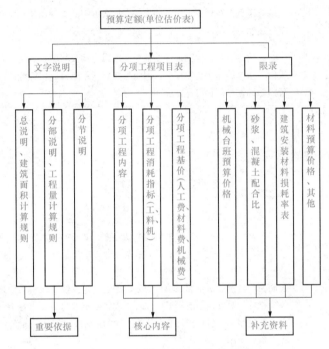

图 3-1　预算定额内容构成示意

　　预算定额是由文字说明、分项工程项目表和附录三部分内容所构成。其中，分项工程项目表是预算定额的主体内容。

　　（2）预算定额的作用。预算定额的作用见表 3-2。

表 3-2　　　　　　　　　　　　　　　　预算定额的作用

序号	作用	具 体 内 容
1	编制施工图预算、确定建筑安装工程造价的基础	施工图设计一经确定，工程预算造价就取决于预算定额水平和人工、材料及机械台班的价格。预算定额起着控制劳动消耗、材料消耗和机械台班使用的作用，进而起着控制建筑产品价格的作用
2	编制施工组织设计的依据	施工单位在缺乏本企业的施工定额的情况下，根据预算定额，也能够比较精确地计算出施工中各项资源的需要量，为有计划地组织材料采购和预制件加工、劳动力和施工机械的调配，提供了可靠的计算依据

续表

序号	作用	具 体 内 容
3	工程结算的依据	工程结算是建设单位和施工单位按照工程进度对已完成的分部分项工程实现货币支付的行为。按进度支付工程款，需要根据预算定额将已完分项工程的造价算出。单位工程验收后，再按竣工工程量、预算定额和施工合同规定进行结算，以保证建设单位建设资金的合理使用和施工单位的经济收入
4	施工单位进行经济活动分析的依据	预算定额规定的物化劳动和劳动消耗指标，是施工单位在生产经营中允许消耗的最高标准。施工单位可根据预算定额对施工中的劳动、材料、机械的消耗情况进行具体的分析，以便找出并克服低功效、高消耗的薄弱环节，提高竞争能力
5	编制概算定额的基础	概算定额是在预算定额基础上综合扩大编制的。利用预算定额作为编制依据，可以节省编制工作的大量人力、物力和时间，收到事半功倍的效果
6	合理编制招标控制价、投标报价的基础	在深化改革中，预算定额的指导性作用将日益削弱，而施工单位按照工程个别成本报价的指导性作用仍然存在，因此预算定额作为编制招标控制价的依据和施工企业报价的基础性作用仍将存在

3.1.2 预算定额的编制原则与依据

（1）预算定额的编制原则（见表 3-3）。

表 3-3　　　　　　　　　　　　　　预算定额的编制原则

序号	原则	具 体 内 容
1	社会平均水平原则	在正常施工条件下，以平均的劳动强度、平均的技术熟练程度，在平均的技术装备条件下，完成单位合格产品所需的劳动消耗量就是预算定额的消耗量水平
2	简明适用原则	简明，即消耗量定额在项目划分、选定计量单位、规定工程计算规则时，应在保证各项指标相对准确的前提下，综合扩大，力求项目少、内容全。适用，即消耗量定额内容严密明确，各项指标在保证统一性的前提下，具有一定的灵活性，以适应不同工程和地区使用
3	严谨准确原则	严谨，即要求结构严谨，层次清楚，各种指标应尽量定死，避免执行中的争议。准确，即各项指标综合因素互相衔接，准确无误
4	坚持统一性和差别性结合原则	统一性是指从培育全国统一市场规范计价行为出发，计价定额的制定规划和组织实施，由国务院建设行政主管部门归口，并负责全国统一定额制定或修订，颁发有关工程造价管理的规章制度办法等。所谓差别性是指在统一性的基础上，各部门和省、自治区、直辖市主管部门可以在自己的管辖范围内，根据本部门和地区的具体情况，制定部门和地区性定额，补充性制度和管理办法，以适应我国幅员辽阔和地区间、部门间发展不平衡的实际情况
5	专家编审责任制原则	定额的编制工作政策性、专业性强，任务重，贯彻这一原则很有必要

（2）预算定额的编制依据和步骤。

1）编制依据。全国统一劳动定额、全国统一基础定额。现行的设计规范、施工验收规范、质量评定标准和安全操作规程。通用的标准图和已选定的典型工程施工图样。推广的新技术、新结构、新材料、新工艺。施工现场测定资料、实验资料和统计资料。现行预算定额及基础资料和地区材料预算价格、工资标准及机械台班单价资料。

2）编制步骤。预算定额的编制步骤见表 3-4。

表 3-4　　　　　　　　　　　　　　　预算定额的编制步骤

序号	步骤	具　体　内　容
1	准备工作阶段	（1）根据国家或授权机关关于编制预算定额的指示，由工程建设定额管理部门主持，成立编制预算定额的领导机构和各专业小组； （2）拟订编制预算定额的工作方案，提出编制预算定额的基本要求，确定预算定额的编制原则、适用范围，确定项目划分以及预算定额表格形式等； （3）调查研究、收集各种编制依据和资料
2	编制初稿阶段	（1）对调查和收集的资料进行深入细致的分析研究； （2）按编制方案中项目划分的规定和所选定的典型施工图样计算出工程量，并根据取定的各项消耗指标和有关编制依据，计算分项定额中的人工、材料和机械台班消耗量，编制出预算定额项目表； （3）测算预算定额水平
3	修改和审查计价定额阶段	组织基本建设有关部门讨论《预算定额征求意见稿》，将征求的意见交编制小组重新修改稿，并写出预算定额编制说明和送审报告，连同预算定额送审稿报送主管机关审批

3.2　人工、材料、机械台班消耗量定额

3.2.1　预算定额各消耗量指标的确定

（1）建设工程预算定额计量单位的确定。在确定预算定额计量单位时，首先应考虑该单位能否反映单位产品的工、料消耗量，保证预算定额的准确性。其次，要有利于减少定额项目，保证定额的综合性。最后要有利于简化工程量计算和整个预算定额的编制工作，保证预算定额编制的准确性和及时性。

（2）预算定额消耗量指标的确定。

1）人工消耗指标的确定。消耗量定额中人工消耗量是指在正常的施工生产条件下，生产一定计量单位的分项工程或结构构件所必须消耗的各种用工数量或时间。人工消耗量的单位是"工日"，按现行规定，每个工人工作 8h 为 1 个工日。消耗量定额中人工消耗量的确定有两种基本方法：一种是定额法，即以施工的劳动定额为基础来确定人工消耗量；另一种是技术测定法，即以现场测定资料为基础确定人工消耗量。

以劳动定额为基础确定人工消耗量。消耗量定额中人工消耗量水平及技工、普工比例，以劳动定额为基础，按消耗量定额规定的单位分项工程量和工作内容，计算定额人工的工日数。消耗量定额人工消耗量的计算公式为

消耗量定额人工消耗量 ＝ 基本用工 ＋ 辅助用工 ＋ 超运距用工 ＋ 人工幅度差

上述计算公式中各部分内容及计算公式见表 3-5。

表 3-5 消耗量定额人工消耗量组成及计算

序号	组成	内 容	计 算
1	基本用工	基本用工是指完成一定计量单位分项工程或结构构件所必须消耗的主要人工,如砌筑墙体工程时的砌砖等所需要的工日数量	按综合取定的工程量和施工劳动定额进行计算。其计算式为 基本用工=∑(某分项工程综合取定的工程量×相应时间定额)
2	辅助用工	辅助用工是指预算定额中基本用工以外的材料加工等用工,如筛沙、淋灰用工	辅助用工=∑(材料加工数量×相应时间定额)
3	超运距用工	超运距用工是指预算定额中规定的材料、半成品的平均水平运距超过劳动定额规定运输距离的用工	超运距用工=∑(超运距运输材料数量×相应超运距时间定额) 超运距=预算定额取定运距－劳动定额已包括的运距
4	人工幅度差	人工幅度差是指在施工劳动定额中没有包括而在预算定额中又必须考虑的工时消耗,即在正常施工情况下不可避免的且无法计量的用工	人工幅度差=(基本用工＋辅助用工＋超运距用工)×人工幅度差系数 人工幅度差系数,一般取 10%～15%,各地方略有不同

以现场测定资料为基础确定人工消耗量。对于劳动定额缺项的新工艺、新结构往往需要进行现场测定。这种方法采用计时观察法中的测时法、写实记录法、工作日记录法等测时方法测定工时消耗数值,再加一定人工幅度差来计算预算定额的人工消耗量。

2)材料消耗指标的确定。消耗量定额中的材料消耗量是指在合理和节约使用材料的前提下,生产单位合格建筑产品(分项工程或结构构件)必须消耗的一定品种规格的建筑材料、成品、半成品、配件、燃料、水、电等的数量标准。

根据施工生产材料消耗工艺要求,建筑材料分为非周转性材料和周转性材料两大类。非周转性材料又称为直接性材料,它是指在建设工程施工中,一次性消耗并直接构成工程实体的材料,如砖、沙、石、钢筋、水泥等。周转性材料是指在施工过程中能多次使用、周转的工具型材料,如各种模板、活动支架、脚手架、支撑等。

3)材料消耗量的计算。材料消耗量的计算公式为

$$损耗率=损耗量/净用量$$

$$消耗量=净用量×(1＋损耗率)$$

4)以施工定额或现场测定为基础确定机械台班消耗量。如果遇到施工定额缺项的项目,在编制预算定额的施工机械台班消耗量时,则需要通过对施工机械现场实地观测得到施工机械台班数量,加上适当的机械幅度差,来确定消耗量定额的施工机械台班消耗量。

3.2.2 消耗量定额的应用

消耗量定额是编制施工图预算,确定工程造价的主要依据,消耗量定额的应用准确与否直接影响到工程造价的确定,为了准确地使用消耗量定额,在使用前应仔细阅读消耗量定额中的总说明、各章说明、附注及附录;掌握建筑面积计算规则、各分部分项工程名称、编排顺序及工程量计算规则。定额的使用方法和应用条件如图 3-2 所示。

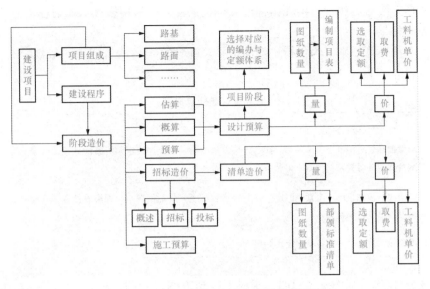

图 3-2　定额的使用方法和应用条件图解

在应用消耗量定额时，通常会有以下三种情况：消耗量定额的直接套用、消耗量定额换算和消耗量定额的补充。

（1）消耗量定额的直接套用。在编制施工图预算的过程中，大多数工程项目可直接套用预算定额。套用步骤见表 3-6。

表 3-6　　　　　　　　　　　　　　直接套用消耗量定额的步骤

序号	步　骤
1	根据施工图样，对分项工程施工方法、设计要求等了解清楚，选择套用相应的消耗量定额子目
2	明确分项工程的内容、项目特征（包括做法、用料规格、计量单位等）与消耗量定额子目规定的工作内容是否一致。当完全一致或者虽有局部不同，但消耗量定额说明规定不允许换算或调整时，即可直接套用消耗量定额
3	根据选套的消耗量定额子目查得该分项工程的人工、材料、机械台班消耗指标，将其分别列入工程资源消耗量计算表中
4	分部分项工程的名称和工程量计量单位要与定额中的单位一致
5	计算确定分项工程所需人工、材料、机械台班的消耗量。其计算公式为 分项工程人工消耗量＝分项工程量×相应定额子目人工消耗指标 分项工程某种材料消耗量＝分项工程量×相应定额子目某种材料消耗指标 分项工程某种机械台班消耗量＝分项工程量×相应定额子目某种机械台班消耗指标

（2）消耗量定额的换算。

1）消耗量定额换算条件和原则。

消耗量定额换算条件。当工程施工图设计的要求与消耗量定额子目的工程内容、材料规格、施工方法等条件不完全相符，且消耗量定额规定允许换算或调整时，则应按照消耗量定额规定的换算方法对定额子目消耗指标进行调整换算，并采用换算后的消耗指标计算该分项工程的资源消耗量。

消耗量定额换算原则。为保持定额的水平，在预算定额的说明中一般规定有换算原则，主要原则见表 3-7。

表 3-7　　　　　　　　　　　　消耗量定额换算原则

序号	主要原则
1	定额的砂浆、混凝土强度等级，如设计与定额不同时，允许按定额附录的砂浆、混凝土配合比表换算，但配合比中的各种材料用量不得调整
2	定额中抹灰项目已考虑常用厚度，各层砂浆的厚度一般不做调整。如果设计有特殊要求时，定额中工、料可以按厚度比例换算
3	严格按预算定额中的各项规定换算定额

2）消耗量定额换算的基本思路。根据工程施工图设计的要求，选定某一消耗量定额子目（或者相近的消耗量定额子目），按消耗量定额规定换入应增加的资源（人工、材料、机械台班），换出应扣除的资源（人工、材料、机械台班，其计算式为

换算后资源消耗量 ＝ 分项工程原定额资源消耗量 ＋ 换入资源量－换出资源量

在进行消耗量定额换算时应注意的问题如下。

a. 消耗量定额的换算，必须在消耗量定额规则规定的范围内进行换算或调整。现行消耗量定额的总说明、分章说明及附注内容中，对消耗量定额换算的范围和方法都有具体的规定。消耗量定额中的规定是进行消耗量定额换算的根本依据，应当严格执行。

b. 当分项工程进行换算后，应在其消耗量定额编号右边注明一个"换"字，以示区别。

3）消耗量定额换算的类型。

a. 材料配合比不同的换算。材料配合比不同的换算包括混凝土、砂浆、保温隔热材料等，由于其配合比的不同，而引起相应材料消耗量的变化，定额规定必须进行换算。

砂浆配合比的换算。当设计要求采用的砂浆配合比、砂浆种类与消耗量定额不符时，就产生了砂浆配合比、砂浆种类的换算。换算时砂浆用量不变，根据不同砂浆配合比调整材料用量。

混凝土强度等级的换算。当设计要求采用的混凝土强度等级、种类与消耗量定额不符时，就产生了混凝土强度等级、种类或石子粒径的换算。换算时混凝土用量不变，只换算混凝土强度等级、种类或石子粒径。

b. 按定额说明及附注的有关规定进行换算。消耗量定额的总说明、分章说明及附注内容中，对消耗量定额换算的范围和方法都有具体的规定，其规定是进行消耗量定额换算的根本依据，应当严格执行。常见换算类型有以下几种：

按比例换算。如《建设工程消耗量定额》中脚手架工程的定额说明规定："安全通道宽度超过 3m 时，应按实际搭设的宽度比例调整定额的人工、材料、机械台班用量。"

乘系数换算。乘系数换算是指在使用某些定额项目时，定额的一部分或全部乘以规定的系数。在使用乘系数换算时应注意的问题见表 3-8。

表 3 - 8　　　　　　　　　　　　　　　使用乘系数换算时应注意的问题

序号	注 意 问 题
1	要按定额规定的系数进行换算
2	要区分定额换算系数和工程量换算系数，前者是换算定额子目中人工、材料、机械台班的消耗指标，后者是换算分项工程量，二者不可混淆
3	要正确确定定额子目换算的内容和计算基数。其计算公式为 定额子目换算消耗指标 ＝ 定额子目原消耗指标×调整系数

其他换算。其他换算包括直接增加工料法和实际材料用量换算法等。

直接增加工料法是指根据定额的规定具体增加有关内容的消耗量。实际材料用量换算法，主要是由于施工图样设计采用材料的品种、规格与选套定额项目取定的材料品种、规格不同所致。换算的思路是材料的实际耗用量按设计图样计算。

c. 运距的换算。在消耗量定额中，对各项目的运输定额，一般分为基本定额和增加定额（超过基本运距时另外计算如人工运土方基本定额为 20m 以内，超过时按每增加 20m 运距增加费用。类似运距定额有混凝土构件运输、门窗运输、金属构件运输等。

d. 厚度的换算。如《建筑工程消耗量定额》中楼、地面工程的定额说明规定了砂浆、水泥砂浆、混凝土的厚度，如设计与定额规定不同时，可以换算，其他不变。

4）消耗量定额的补充。施工图样中的某些工程项目，由于采用了新结构、新材料和新工艺等原因，没有类似定额项目可供套用，就必须编制补充定额项目。补充定额编制流程如图 3-3 所示；补充定额申报批准流程如图 3-4 所示。

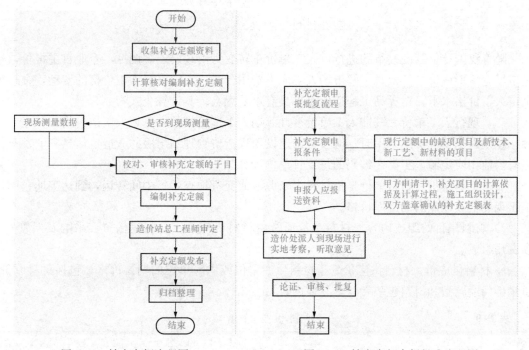

图 3-3　补充定额流程图　　　　　　图 3-4　补充定额申报批准流程图

编制补充定额项目的方法有两种：一种是按照消耗量定额的编制方法，计算人工、材料、机械台班消耗量指标；另一种是参照同类工序、同类型产品消耗量定额的人工、机械台班指标，而材料消耗量，则按施工图样进行计算或实际测定。

3.3 人工、材料、机械台班单价与定额基价

3.3.1 人工、材料、机械台班单价

（1）人工单价。人工单价是指1个建筑工人工作1个工作日在预算中应计入的全部人工费用。按我国《劳动法》的规定，1个工作日的工作时间为8h。1个工人工作8h，即为一个"工日"。

1）人工单价的组成。消耗量定额中的人工单价是由基本工资、工资性补贴、辅助工资及其个人应承担的养老保险、失业保险、医疗保险、住房公积金等费用组成。人工单价组成计算公式为

人工单价＝基本工资＋工资性补贴＋辅助工资＋职工福利费＋劳动保护费

2）人工单价的确定。目前，我国的人工单价均采用综合人工单价的形式，即根据综合取定的不同工种、不同技术等级工人的工资单价及相应的工时比例进行加权平均，得出能反映工程建设中生产工人一般价格水平的人工单价。

$$人工单价＝\frac{月基本工资＋月工资性补贴＋月辅助工资＋其他费用}{月平均工作天数}$$

其中，

$$月平均工作天数＝\frac{全年天数－星期六和星期日天数－法定节日天数}{全年月数}$$
$$＝\frac{(365－104－100)\ 天}{12}＝20.92（天）$$

随着我国计价制度改革的进行，人工单价正转变为由政府宏观调控，企业自主报价，通过市场竞争形成价格。及时了解市场人工成本费用行情，了解市场人工价格的变动，合理地确定人工价格水平，对提高工程造价水平具有重要意义。其计算公式为

现行人工单价＝基期人工单价×计算期人工造价指数÷基期人工造价指数

基期人工单价实际采用时，应按各市建设工程造价管理站出版的《造价信息》上发布的当时当地相应定额人工类别编码的每工日单价计算。

（2）材料单价。材料单价是指材料由来源地或交货地点，经中间转运，到达工地仓库或施工现场堆放地点后的出库价格。

1）材料单价的组成内容。材料单价通常由材料供应价、材料运输费、采购及保管费3项费用组成。

a. 材料供应价。材料供应价是指材料生产单位或供应单位的销售价格，包括材料原价、供销部门经营费和材料包装费等，具体内容见表3-9。

表3-9　　　　　　　　　材料供应价组成

序号	组成	具体内容
1	材料原价	材料原价是指材料的出厂价、交货地价格、市场批发价、国营商业部门的批发牌价及进口材料的调拨价等

续表

序号	组成	具 体 内 容
2	供销部门经营费	供销部门经营费是指某些材料不能直接向生产厂家采购、订货，必须经当地物资部门或供销部门供应而支付的附加手续费
3	材料包装费	材料包装费是指为了便于材料运输或保护材料而进行包装所需要的一切费用

b. 材料运输费。材料运输费包括材料运杂费和运输损耗费，具体内容见表 3‑10。

表 3‑10　　　　　　　　　　　材料运输费组成

序号	组成	具 体 内 容
1	材料运杂费	材料运杂费是指材料由来源地运至工地仓库或指定堆放地点所发生的全部费用，包括车船费、出入库费、装卸费、搬运费、堆叠费等，并根据材料的来源地、运输里程、运输方法、运输工具等，按照交通部门的有关规定并结合当地交通运输市场情况确定
2	运输损耗费	运输损耗费是指材料在运输装卸过程中不可避免的损耗。其计算公式为 运输损耗费＝（材料供应价＋材料运杂费）×损耗费率 一般建筑材料的运输费占材料单价的 10%～15%。为了减少运输费的支出，应尽量就地取材、缩短运输距离并选择运价较低的运输工具。现场交货的材料，不得计算运输损耗费

c. 采购及保管费。采购及保管费是指材料部门（包括工地仓库及其以上各级材料管理部门）在组织采购、供应和保管材料过程中所需的各项费用，包括采购费、仓储费、工地保管费、仓储损耗等。其计算公式为

采购及保管费 ＝（材料供应价＋材料运输费）×采购及保管费率

工程消耗量定额中的采购及保管费率一般为 2.5%，其包含的项目有人工费（1.699%）差旅及交通费（0.13%）、办公费（0.074%）、固定资产使用费（0.207%）、工具用具使用费（0.08%）、检验试验费（0.068%）、材料仓储损耗（0.136%）和其他（0.106%）。

应用工程消耗量定额中采购及保管费时应注意以下几点。

第一，凡向生产厂家购买的金属构件、混凝土预制构件、木结构、铝合金制品、钢门窗、塑料门窗、塑钢门窗及每吨超过一万元的材料采购及保管费率为 1%。

第二，采购及保管费率分摊的原则，具体见表 3‑11。

表 3‑11　　　　　　　　　　　采购及保管费率分摊原则

序号	分 摊 原 则
1	建设单位（甲方）将材料运到施工现场，甲方收采购及保管费的 60%
2	甲方将材料运到施工现场所在甲方仓库、车站、码头，甲方收取采购及保管费的 40%
3	甲方付款订货，施工单位负责提运到施工现场，甲方收取采购及保管费的 20%
4	甲方指定购货地点，施工单位负责付款提货的，甲方不得收取采购及保管费

d. 检验试验费（注：现已归入企业管理费）。检验试验费是指对建筑材料、构件和建筑物进行一般鉴定、检查所发生的费用，包括有资格单位的试验室进行试验所耗用的材料和化学药品等费用；不包括新结构、新材料的试验费和建设单位对具有出厂合格证明的材料进行检验，对构件做碳坏性试验及其他有特殊要求需要检验试验的费用。

2）材料单价的计算公式。

材料单价＝（材料供应价＋材料运输费）×（1＋采购及保管费率）＋检验试验费

＝［材料供应价＋材料运杂费＋运输损耗费］×（1＋采购保管费率）＋检验试验费

＝［（材料供应价＋材料运杂费）×（1＋运输损耗费）］×（1＋采购保管费率）＋检验试验费

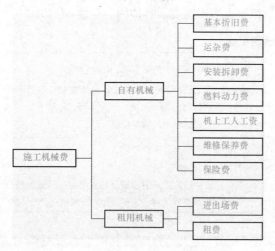

图 3-5　施工机械台班单价费用的组成

（3）机械消耗量台班单价。为使机械正常运转，一个台班中所支出和分摊的各种费用之和，称为施工机械台班使用费或施工机械台班单价。

施工机械台班单价由折旧费、大修理费、经常修理费、安拆费及场外运费、人工费、燃料动力费、其他费用共 7 项费用组成，如图 3-5 所示。

3.3.2　定额基价的调整换算

（1）定额换算的基本公式为

$$J_{换} = J_{原} + F_{换入} - F_{换出}$$

式中：$J_{换}$ 为换算后定额基价；$J_{原}$ 为原定额计价；$F_{换入}$ 为换入费用；$F_{换出}$ 为换出费用。

（2）定额换算的通用公式为

$$J_{换} = J_{原} + (R + J) \times (K - 1) + \sum (Lb_{换入} \times Jb_{换入} - Lb_{换出} \times Jb_{换出})$$

式中：$J_{换}$ 为换算后定额基价；$J_{原}$ 为原定额基价；R 为原定额人工费；J 为原定额机械费；K 为换算后人工费、材料费、机械费台班使用费之和占原定额基价的比率；$Lb_{换入}$ 为换入的半成品用量；$Jb_{换入}$ 为换入的半成品基价；$Lb_{换出}$ 为换出的半成品用量；$Jb_{换出}$ 为换出的半成口基价。

（3）定额基价换算通用公式调整换算。定额基价换算的通用公式常见有下列几种。

1）当半成品为砌筑砂浆时的换算公式。

a. 砂浆厚度不变，且只有一种砂浆时的换算公式为

$$J_{换} = J_{原} + L_{原砂浆} \times (J_{换入砂浆} - J_{换出砂浆})$$

式中：$J_{换}$ 为换算后定额基价；$J_{原}$ 为原定额基价；$L_{原砂浆}$ 为定额中原砂浆量；$J_{换入砂浆}$ 为换入的砂浆基价；$J_{换出砂浆}$ 为换出的砂浆基价。

注：换入半成品用量与换出半成品用量同是定额砂浆用量，且人工费、机械费不变时，$K=1$；半成品基价就是定额砌筑砂浆基价。

b. 砂浆厚度发生变化，且各层砂浆配比不同时的换算公式为

$$J_{换} = J_{原} + (R + J) \times (K - 1) + \sum (L_{换入砂浆} \times J_{换入砂浆} - L_{换出砂浆} \times J_{换出砂浆})$$

2）当半成品为混凝土构件时的换算公式为

$$J_{换} = J_{原} + L_{原混凝土} \times (J_{换入混凝土} - J_{换出混凝土})$$

3）当半成品为楼地面混凝土时的换算公式为

$$J_{换} = J_{原} + (R + J) \times (K - 1) + \sum (L_{换入混凝土} \times J_{换入混凝土} - L_{换出混凝土} \times J_{换出混凝土})$$

第4章 快速掌握清单计价

4.1 工程量清单的概念及应用

4.1.1 工程量清单的概念

工程量清单是表现拟建工程的分部分项工程项目、措施项目、其他项目名称和相应数量的明细清单。工程量清单由招标人按照"计价规范"附录中统一的项目编码、项目名称、项目特征、计量单位和工程量计算规则进行编制，包括分部分项工程量清单、措施项目清单和其他项目清单。

工程量清单计价是指投标人完成由招标人提供的工程量清单所需的全部费用，包括分部分项工程费、措施项目费、其他项目费、规费和税金。

工程量清单计价采用综合单价计价。综合单价是指完成规定计量单位项目所需的人工费、材料费、机械使用费、管理费、利润，并考虑风险因素。

工程量清单计价方法是建设工程招标投标中，招标人按照国家统一工程量计算规则提供工程数量，由投标人依据工程量清单自主报价，并按照经评审低价中标的工程造价计价方式。它是一种与编制预算造价不同的另一种与国际接轨的计算工程造价的方法。

工程量清单计价是工程预算改革及与国际接轨的一项重大举措，它使工程招投标造价由政府调控转变为承包方自主报价，实现了真正意义上的公开、公平、合理竞争。

4.1.2 工程量清单的应用

工程量清单计价的适用范围包括建设工程招标投标的招标标底的编制、投标报价的编制、合同价款确定与调整、工程结算。

招标工程如设标底，标底应根据招标文件中的工程量清单和有关要求，施工现场实际情况、合理的施工方法以及建设行政主管部门制定的有关工程造价计价办法进行编制。《招标投标法》规定，招标工程设有标底的，评标时应参考标底，标底的参考作用，决定了标底的编制要有一定的强制性。这种强制性主要体现在标底的编制应按建设行政主管部门制定的有关工程造价计价办法进行。

投标报价应根据招标文件中的工程量清单和有关要求、施工现场实际情况及拟订的施工方案或施工组织设计，依据企业定额和市场价格信息，或参照建设行政主管部门发布的社会平均消耗量定额进行编制。企业定额是施工企业根据本企业的施工技术和管理水平以及有关工程造价资料制定的，并供本企业使用的人工、材料和机械台班消耗量标准。社会平均消耗量定额简称消耗量定额，是指在合理的施工组织设计、正常施工条件下，生产一个规定计量单位工程合格产品，人工、材料、机械台班的社会平均消耗量标准。工程造价应在政府宏观调控下，由市场竞争形成。在这一原则指导下，投标人的报价应在满足招标文件要求的前提下实行人工、材料、机械消耗量自定，价格费用自选、全面竞争、自主报价的方式。

施工合同中综合单价因工程量变更需要调整时，除合同另有约定外，按照表4-1所列办法确定。

表4-1　　　　　　　　　　　因工程量变更调整综合单价确定办法

序号	确　定　办　法
1	工程量清单漏项或由于设计变更引起新的工程量清单项目，其相应综合单价由承包方提出，经发包人确认后作为结算的依据
2	由于设计变更引起工程量增减部分，属合同约定幅度以内的，应执行原有的综合单价；增减的工程量属合同约定幅度以外的，其综合单价由承包人提出，经发包人确认后作为结算的依据
3	由于工程量的变更，且实际发生了除以上两条以外的费用损失，承包人可提出索赔要求，与发包人协商确认后补偿。主要是指"措施项目费"或其他有关费用的损失

为了合理减少工程承包人的风险，并遵照谁引起的风险谁承担责任的原则，规范对工程量的变更及其综合单价的确定做了规定，具体见表4-2。

表4-2　　　　　　　　　　　工程量变更及综合单价确定规定

序号	规　　　定
1	不论由于工程量清单有误或漏项，还是由于设计变更引起新的工程量清单项目或清单项目工程数量的增减，均应按实调整
2	工程量变更后综合单价的确定应按规范执行
3	综合单价调整宜适用分部分项工程量清单

4.2　工程量清单的编制内容

4.2.1　工程量清单的格式

工程量清单的格式内容如图4-1所示。

工程量清单的具体格式可以参见下面实例。

总说明

工程名称：××住宅工程　　　　　　　　　　　　　　　　第1页　共1页

××中学教师住宅工程

工程量清单

招　标　人：<u>××中学单位公章</u>　　　　　　　　工程造价<u>××工程造价咨询企业资质专用章</u>
　　　　　　　（单位盖章）　　　　　　　　　　　咨询人：　（单位资质专用章）

法定代表人<u>××中学法定代表人</u>　　　　　　　　法定代表人<u>××工程造价咨询企业法定代表人</u>
或其授权人：（签字或盖章）　　　　　　　　　　或其授权人：（签字或盖章）

编　制　人：<u>×××签字盖造价工程师或造价员专用章</u>　　复　核　人：<u>×××签字盖造价工程师专用章</u>
　　　　　　　（造价人员签字盖专用章）　　　　　　　　　　　（造价工程师签字盖专用章）

编制时间：××××年×月×日　　　　　　　　复核时间：××××年×月×日

注：此为招标人委托工程造价咨询人编制工程量清单的封面。

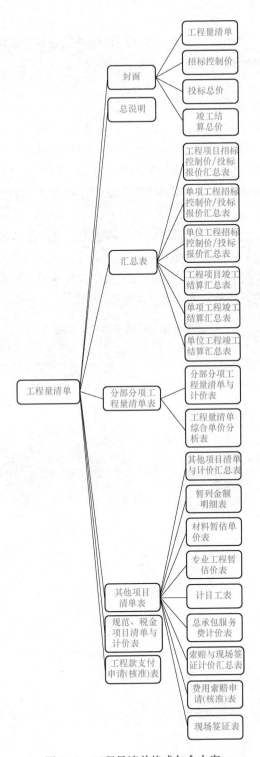

图 4-1　工程量清单格式包含内容

（1）工程概况：本工程为砖混结构，采用混凝土灌注桩，建筑层数为六层，建筑面积为10940m²，计划工期为300日历天。施工现场距教学楼最近处为20m，施工中应注意采取相应的防噪措施。

（2）工程招标范围：本次招标范围为施工图范围内的建筑工程和安装工程。

（3）工程量清单编制依据。

1）住宅楼施工图。

2）《建设工程工程量清单计价规范》。

（4）其他需要说明的问题。

1）招标人供应现浇构件的全部钢筋，单价暂定为 5000 元/t。

承包人应在施工现场对招标人供应的钢筋进行验收、保管、使用和发放。

招标人供应钢筋的价款支付，由招标人按每次发生的金额支付给承包人，再由承包人支付给供应商。

2）进户防盗门另进行专业发包。总承包人应配合专业工程承包人完成以下工作：①按专业工程承包人的要求提供施工工作面并对施工现场进行统一管理，对竣工资料进行统一整理汇总；②为专业工程承包人提供垂直运输机械和焊接电源接入点，并承担垂直运输费和电费；③为防盗门安装后进行补缝和找平并承担相应费用。

分部分项工程量清单与计价表

工程名称：××住宅工程　　　　　　　　标段：　　　　　　　　　　　　　第 1 页　共×页

序号	项目编码	项目名称	项目特征描述	计量单位	工程量	金额（元）		
						综合单价	合价	其中：暂估价
			A.1 土（石）方工程					
1	010101001001	平整场地	Ⅱ、Ⅲ类土综合，土方就地挖填找平	m²	1792			
2	010101003001	挖基础土方	Ⅲ类土，条形基础，垫层底宽 2m，挖土深度 4m 以内，弃土运距为 10km	m²	1432			
			（其他略）					
			分部小计					
			A.2 桩与地基基础工程					
3	010201003001	混凝土灌注桩	人工挖孔，二级土，桩长 10m，有护壁段长 9m，共 42 根，桩直径 1000mm，扩大头直径 1100mm，桩混凝土为 C25，护壁混凝土为 C20	m	420			
			（其他略）					
			分部小计					
			本页小计					
			合计					

注：根据住建部、财政部发布的《建筑安装工程费用组成》的规定，为计取规费等的使用，可在表中增设其中"直接费""人工费"或"人工费＋机械费"。

措施项目清单与计价表（一）

工程名称：××住宅工程　　　　　标段：　　　　　　　　　　第1页　共1页

序号	项目名称	计算基础	费率（%）	金额（元）
1	安全文明施工费			
2	夜间施工费			
3	二次搬运费			
4	冬雨季施工			
5	大型机械设备进出场及安拆费			
6	施工排水			
7	施工降水			
8	地上、地下设施、建筑物的临时保护设施			
9	已完工程及设备保护			
10	各专业工程的措施项目			
（1）	垂直运输机械			
（2）	脚手架			
合计				

注：1. 本表适用于以"项"计价的措施项目。

2. 根据住建部、财政部发布的《建筑安装工程费用组成》的规定，"计算基础"可为"直接费""人工费"或"人工费＋机械费"。

措施项目清单与计价表（二）

工程名称：××住宅工程　　　　　标段：　　　　　　　　　　第1页　共1页

序号	项目编码	项目名称	项目特征描述	计量单位	工程量	金额（元）	
						综合单价	合价
1		现浇钢筋混凝土平板模板及支架	矩形板支模高度3m	m²	1200		
2		现浇钢筋混凝土有梁板模板及支架	矩形梁断面 200mm×400mm，支模高度梁2.6m，板3m	m²	1500		
3							
4							
5							
本页小计							
合计							

注：本表适用于以综合单间形式计价的措施项目。

51

其他项目清单与计价汇总表

工程名称：××住宅工程　　　　　　　标段：　　　　　　　　　　　第1页　共1页

序号	项目名称	计量单位	金额（元）	备注
1	暂列金额	项	300000	明细详见表12-1
2	暂估价		100000	
2.1	材料暂估价		—	明细详见表12-2
2.2	专业工程暂估价	项	100000	明细详见表12-3
3	计日工			明细详见表12-4
4	总承包服务费			明细详见表12-5
5				
	合计			—

注：材料暂估单价进入清单项目综合单价，此处不汇总。

暂列金额明细表

工程名称：××住宅工程　　　　　　　标段：　　　　　　　　　　　第1页　共1页

序号	项目名称	计量单价	暂定金额（元）	备注
1	工程量清单中工程量偏差和设计变更	项	10000	
2	政策性调整和材料价格风险	项	10000	
3	其他	项	10000	
4				
5				
6				
7				
8				
9				
合计				

注：此表由招标人填写，如不能详列，也可只列暂定金额总额，投标人应将上述暂列金额计入投标总价中。

材料暂估单价表

工程名称：××住宅工程　　　　　　标段：　　　　　　　　　　第 1 页　共 1 页

序号	材料名称、规格、型号	计量单位	单价（元）	备　　注
1	钢筋（规格、型号综合）	t	5000	用在所有现浇混凝土钢筋清单项目

注：此表由招标人填写，并在备注栏说明暂估价的材料用在哪些清单项目上，投标人应将上述材料暂估单价计入工程清单综合单价报价中。

专业工程暂估表

工程名称：××住宅工程　　　　　　标段：　　　　　　　　　　第 1 页　共　页

序号	工程名称	工程内容	金额（元）	备　　注
1	入户防盗门	安装	100000	

注：此表由招标人填写，投标人应将上述专业工程暂估价计入投标总价中。

计日工表

工程名称：××住宅工程　　　　　　标段：　　　　　　　　　　第 1 页　共 1 页

编号	项目名称	单位	暂定数量	综合单价	合价
一	人工				
1	普工	工日	200		
2	技工（综合）	工日	50		
3					
4					
	人工小计				
二	材料				
1	钢筋（规格、型号综合）	t	1		
2	水泥 42.5	t	2		
3	中砂	m³	10		
4	砾石（5～40mm）	m³	5		
5	页岩砖（240mm×115mm×53mm）	千匹	1		
6					

续表

编号	项目名称	单位	暂定数量	综合单价	合价
	材料小计				
三	施工机械				
1	自升式塔式起重机（起重力矩 1250kN·m）	合班	5		
2	灰浆搅拌机（400L）	台班	2		
3					
4					
	施工机械小计				
	总计				

注：此表项目名称、数量由招标人填写，编制招标控制价时，单价由招标人按有关计价规定确定；投标时，单价由投标人自主报价，计入投标总价中。

总承包服务费计价表

工程名称：××住宅工程　　　　　　标段：　　　　　　　　　　第1页 共1页

序号	项目名称	项目价值（元）	服务内容	费率（%）	金额（元）
1	发包人发包专业工程	100000	1. 按专业工程承包人的要求提供工作面并对施工现场统一管理，对竣工资料进行统一整理汇总 2. 为专业工程承包人提供垂运机械和焊接电源并承担垂运费和电费 3. 为防盗门安装后进行补缝和找平并承担相应费用		
		100000	对发包人供应的材料进行验收及保管和使用发放		
	合计				

规费、税金项目清单与计价表

工程名称：××住宅工程　　　　　　标段：　　　　　　　　　　第1页 共1页

序号	项目名称	计算基础	费率（%）	金额（元）
1	规费			
1.1	工程排污费	按工程所在地环保规定按实计算		
1.2	社会保障费	（1）＋（2）＋（3）		
（1）	养老保险费			
（2）	失业保险费			
（3）	医疗保险费			
1.3	住房公积金			
1.4	危险作业意外伤害保险			

续表

序号	项目名称	计算基础	费率（%）	金额（元）
1.5	工程定额测定			
2	税金	分部分项工程费＋措施项目费＋其他项目费＋规费		
合计				

注：计算基础根据各地规定。

4.2.2　工程量清单的编制

（1）工程量清单的内容。

工程量清单内容包括以下几点。

1）分部分项工程量清单。

2）措施项目清单。

3）其他项目清单。

4）规费项目清单。

5）税金项目清单。

（2）编制工程量清单的依据

1）《建设工程工程量清单计价规范》（GB 50500—2013）。

2）国家或省级、行业建设主管部门颁发的计价依据和办法。

3）建设工程设计文件。

4）与建设工程项目有关的标准、规范、技术资料。

5）招标文件及其补充通知、答疑纪要。

6）施工现场情况、工程特点及常规施工方案。

7）其他相关资料。

（3）总说明内容填写。总说明应按以下内容填写。

1）工程概况部分，建设规模、工程特征、计划工期、施工现场情况及自然地理条件。

2）工程招标和分包范围。

3）工程清单编制依据。

4）其他需要说明的问题。

a. 招标人自行采购材料的名称、规格、型号及数量。

b. 分包专业项目需要总承包人服务的范围等。

（4）分部分项工程量清单的编制。分部分项工程量清单应按以下规定编制。

1）分部分项工程量清单应包括项目编码、项目名称、项目特征、计量单位和工程量（规范强制性条文）。

2）分部分项工程量清单应根据附录规定的项目编码、项目名称、项目特征、计量单位和工程量计算规则进行编制（规范强制性条文）。

3）分部分项工程量清单的项目编码，应采用 12 位阿拉伯数字表示。1 至 9 位应按附录的规定设置，10 至 12 位应根据拟建工程的工程量清单项目名称设置，同一招标工程项目的编码不得有重码（规范强制性条文）。

4）分部分项工程量清单的项目名称按附录的项目名称结合拟建工程的实际确定（规范

强制性条文)。

5）分部分项工程量清单中所列工程量应按附录中规定的工程量计算规则计算（规范强制性条文）。

6）分部分项工程量清单项目特征应按附录中规定的项目特征，结合拟建工程项目实际予以描述（规范强制性条文）。

7）附录中包括的项目，编制人应做补充、并报省级或行业工程造价管理机构备案。

（5）措施项目清单的编制。措施项目清单应按以下内容编制。

1）措施项目清单应根据拟建工程的实际情况列项。通用措施项目可按"通用措施项目一览表"选择列项，专业工程的措施项目可按附录中规定的项目选择列项，见表 4-3。若出现规范中未列的项目，可根据工程实际情况补充。

表 4-3 通用措施项目一览表

序号	项 目 名 称
1	安全文明施工（含环保、文明、安全施工、临时设施）
2	夜间施工
3	二次搬运
4	冬、雨期施工
5	大型机械设备进出厂及安拆
6	施工排水
7	施工降水
8	地上、地下设施；建筑物的临时保护设施
9	已完工程及设备保护

2）措施项目中可以计算工程量的项目清单宜采用分部分项工程量清单的方式编制，列出项目编码、项目名称、项目特征、计量单位、工程数量；不能计算工程量的项目清单，以"项"为计量单位。

（6）其他项目清单的编制。其他项目清单编制内容见表 4-4。

表 4-4 其他项目清单编制内容

序号	编制内容	具 体 内 容
1	暂列金额	暂列金额为工程施工过程中可能出现的设计变更；清单中工程量偏差可能出现的不确定因素而产生的费用。清单工程量偏差一般可按分部分项工程费的 10%～15% 计算预留金额
2	暂估价	暂估价中材料暂估价为招标方供应的材料，可按造价管理部门发布的造价信息或市场价估计；专业工程暂估价为另行发包专业的工程金额
3	计日工	计日工是为了解决现场发生的零星工作的计价而设立的。估算一个比较贴近实际的人工、材料、机械台班的数
4	总承包服务费	总承包服务费是为了解决招标人要求承包人对发包的专业工程提供协调和配合服务设置的。对供应的材料、设备提供收发和管理服务及对现场的统一管理；对竣工资料的统一整理等向总承包人支付的费用。根据招标文件列出的服务内容和要求计算。进行总承包管理和协调按分包造价的 1.5% 计算，并配合服务时按分包造价的 3%～5% 计算

（7）规费项目清单的编制。规费项目清单应按下列内容列项。若出现下列内容未包括的项目，应根据省级政府或省级有关权力部门的规定列项。

1）工程排污费。

2）社会保险费；包括养老保险金、失业保险费、医疗保险费、生育保险费、工伤保险费。

3）住房公积金。

（8）税金项目清单的编制。税金项目清单包括下列内容，未包括的项目按税务部门规定列项。

1）增值税。

2）城市维护建设税。

3）教育费附加税。

4.3 工程量清单的报价策略

4.3.1 工程量清单的编制

《建设工程工程量清单计价规范》的实施是我国工程造价计价方式改革的一项重大举措，标志着我国工程造价管理发生了由传统"量价合一"的计划模式向"量价分离"的市场模式的重大转变。

工程量清单是表现拟建工程的分部与分项工程项目、措施项目、其他项目和相应数量的明细清单，是一种用来表达工程计价项目的项目编码、项目名称和描述、单位、数量、单价、合价的表格。工程量清单报价就是根据招标人提供工程量清单表格中的项目编码、项目名称和描述、单位、数量四个栏目，由投标人完成单价、合价两个栏目的报价。

工程量清单报价要求投标单位根据市场行情和自身实力对工程量清单项目逐项报价，工程量清单报价采用综合单价计价，综合单价中综合了工程直接费、间接费、利润和税金等其他费用。工程量清单报价应包括清单所列项目的全部费用，包括分部分项工程费、措施项目费、其他项目费和规费、税金共五项内容。

（1）分部分项工程量清单报价的编制。分部分项工程费报价时采用的是综合单价法，即每个编码项目费用中包括完成工程量清单中一个规定计量单位项目所需要的人工费、材料费、机械使用费、管理费和利润，并考虑风险因素。

人工费、材料费和机械使用费，每一项都是由"量"和"价"两个因素组成的，即一个规定计量单位中所需要消耗的人工数量、材料数量和机械台班数量，以及人工单价、材料单价和机械台班单价所组成的费用。

人、材、机消耗量的确定。每一个规定计量单位编码项目的人、材、机消耗量，采用企业定额消耗量标准，目前还没有企业定额的单位可以采用地方定额的消耗量标准。

人、材、机单价的确定。人、材、机的单价是指市场价格，企业根据自己的材料供应网和平时积累的大量价格信息资料，结合市场供求关系价格变化，准确、快捷地确定人、材、机的市场价格。

企业管理费和利润率的确定。企业管理费和利润率这两项费用都包括在清单的报价中，企业应当根据自己的实力、竞争的要求及所想要达到的目的，并参考地方定额的标准来确定这两项的费用比例，完全由企业自主决定。

（2）措施项目清单的编制。措施项目清单包括为完成分部实体工程而必须采用的一些措施性工作，如排水、模板、脚手架及垂直运输等，由于不同的施工企业会采用不同的施工方法与措施，措施项目清单中所列的措施项目均以"一项"为一个报价单位，即一个措施报一个总价。

《建设工程工程量清单计价规范》所列措施项目内容，在原有定额中有的是属于直接费的项目，如大型机械进出场费用、垂直运输费用、模板和支架、脚手架及施工排水等，有的是包含在各子项目中，如二次搬运费用、已完工程及设备保护费用等，有的是属于现场管理费的内容，如临时设施等。而现在单独列项的文明施工、安全施工、环境保护原来都包含在临时设施中。

措施项目清单中的每项内容都需要根据施工组织设计的要求及现场的实际情况进行仔细拆分、计算才会有比较准确的结果。比如"临时设施"这一项，概括起来包括以下几方面的内容：①临时建筑，如临时宿舍、办公室、临时仓库等；②临时设施，如临水、临电、小型临时设施等；③临时道路，包括施工道路的铺设、硬化及塔式起重机基础等。临时设施费包括以上建设项目的搭设、租赁、摊销、维护及拆除的全部费用。以上各项都需要分别计算出人、材、机的费用，企业管理费和利润，然后再进行综合，形成临时设施这一项内容的总价。

（3）其他项目清单报价的编制。其他项目清单主要体现了招标人提出的一些与拟建工程有关的特殊要求，《建设工程工程量清单计价规范》所列其他项目清单共四项，即预留金、材料购置费、总承包服务费、零星工作项目费等。其中，与招标人有关的费用有预留金、材料购置费，这两部分费用由招标人事先在招标文件中说明，属于招标人的费用，不需要投标人另外报价；与招标人有关的费用有总承包服务费、零星工作项目费，这两部分费用由招标人自行竞争报价确定。

总承包服务费包括配合协调招标人进行的工程分包和材料采购所需要的费用，根据招标人提出的要求所需发生的费用确定；零星工作项目费应根据招标文件中的"零星工作项目计划表"确定。

（4）规费和税金报价的编制。规费是指国家或地方造价管理部门规定的，允许列入工程报价内容的费用，如定额测定费等。这一项费用各地没有统一规定，报价时根据招标文件的要求填报；税金是指"两税一费"，即营业税、城市维护建设税和教育费附加，税额根据税务部门的统一规定计取。规费和税金，虽然列入清单报价内容，但却不是投标人的收入，而是收取以后需要上缴的费用。

采用工程量清单投标计价，就是要求投标人根据清单表格中描述的工程项目，结合工程情况、市场竞争情况和本企业的实力，充分考虑各种风险因素，自主填报价格，列出包括工程直接成本、间接成本、利润和税金等项目在内的综合单价和汇总价，并以所报综合单价作为与业主签订承包合同的依据。

4.3.2 工程量清单报价前期准备

投标报价之前，必须准备与报价有关的所有资料，这些资料的质量高低直接影响到投标报价成败。投标前需要准备的资料主要有：招标文件；设计文件；施工规范；有关的法律、法规；企业内部定额及有参考价值的政府消耗量定额；企业人工、材料、机械价格系统资料；可以询价的网站及其他信息来源；与报价有关的财务报表及企业积累的数据资源；拟建工程所在地的地质资料及周围的环境情况；投标对手的情况及对手常用的投标策略；招标人的情况及资金情况等。所有这些都是确定投标策略的依据，只有全面地掌握第一手资料，才能快速准确地确定投标策略。

投标人在报价之前需要准备的资料可分为两类：一类是公用的，任何工程都必须用，投标人可以在平时日常积累，如规范、法律、法规、企业内部定额及价格系统等；另一类是特有资料，只能针对投标工程，这些必须是在得到招标文件后才能收集整理，如设计文件、地质、环境、竞争对手的资料等。确定投标策略的资料主要是特有资料，因此投标人对这部分资料要格外重视。投标人要在投标时显示出核心竞争力就必须有一定的策略，有不同于别的投标竞争对手的优势。主要从以下几方面考虑。

（1）掌握全面的设计文件。招标人提供给投标人的工程量清单是按设计图纸及规范规则进行编制的，可能未进行图纸会审，在施工过程中不免会出现这样或那样的问题，这就是我们说的设计变更，所以投标人在投标之前就要对施工图纸结合工程实际进行分析，了解清单项目在施工过程中发生变化的可能性，对于不变的报价要适中，对于有可能增加工程量的报价要偏高，有可能降低工程量的报价要偏低等，只有这样才能降低风险，获得最大的利润。

（2）实地勘察施工现场。投标人应该在编制施工方案之前对施工现场进行勘察，对现场和周围环境，以及与此工程有关的可用资料进行了解和勘察。实地勘察施工现场主要从以下几方面进行：现场的形状和性质，其中包括地表以下的条件；水文和气候条件；为工程施工和竣工，以及修补其任何缺陷所需的工作和材料的范围和性质；进入现场的手段，以及投标人需要的住宿条件等。

（3）调查与拟建工程有关的环境。投标人不仅要勘察施工现场，在报价前还要详尽了解项目所在地的环境，包括政治形势、经济形势、法律法规和风俗习惯、自然条件、生产和生活条件等。对政治形势的调查，应着重工程所在地和投资方所在地的政治稳定性；对经济形势的调查，应着重了解工程所在地和投资方所在地的经济发展情况，工程所在地金融方面的换汇限制、官方和市场汇率、主要银行及其存款和信贷利率、管理制度等；对自然条件的调查，应着重工程所在地的水文地质情况、交通运输条件、是否多发自然灾害、气候状况如何等；对法律法规和风俗习惯的调查，应着重工程所在地政府对施工的安全、环保、时间限制等各项管理规定，宗教信仰和节假日等；对生产和生活条件的调查，应着重施工现场周围情况，如道路、供电、给排水、通信是否便利，工程所在地的劳务和材料资源是否丰富，生活物资的供应是否充足等。

（4）调查招标人与竞争对手。对招标人的调查应着重以下几个方面：第一，资金来源是否可靠，避免承担过多的资金风险；第二，项目开工手续是否齐全，提防有些发包人以招标为名，让投标人免费为其估价；第三，是否有明显的授标倾向，招标是否仅仅是出于政府的压力而不得不采取的形式。对竞争对手的调查应着重从以下几方面进行：首先，了解参加投标的竞争对手有几个，其中有威胁性的都是哪些，特别是工程所在地的承包人，可能会有评标优惠；其次，根据上述分析，筛选出主要竞争对手，分析其以往同类工程投标方法，惯用的投标策略，开标会上提出的问题等。投标人必须知己知彼才能制定切实可行的投标策略，提高中标的可能性。

4.3.3 工程量清单报价的策略

（1）不平衡报价策略。工程量清单报价策略，就是保证在标价具有竞争力的条件下，获取尽可能大的经济效益。常用的一种工程量清单报价策略是不平衡报价，即在总报价固定不变的前提下，提高某些分部分项工程的单价，同时降低另外一些分部分项工程的单价。采用不平衡报价策略的目的无外乎两个方面：一是尽早地获得工程款，二是尽可能多地获得工程款。通常做法见表4-5。

表4-5　　　　　　　　　　　　　不平衡报价常见做法

序号	具 体 内 容
1	适当提高早期施工的分部分项工程单价，如土方工程、基础工程的单价，降低后期施工分部分项工程的单价
2	对图纸不明确或者有错误，估计今后工程量会有增加的项目，单价可以适当报高一些；对应地，对工程内容说明不清楚，估计今后工程量会取消或者减少的项目，单价可以报得低一些，而且有利于将来索赔
3	对于只填单价而无工程量的项目，单价可以适当提高，因为它不影响投标总价，然后项目一旦实施，利润则是非常可观的
4	对暂定工程，估计今后会发生的工程项目，单价可以适当提高；相对应地，估计暂定项目今后发生的可能性比较小，单价应该适当下调
5	对常见的分部分项工程项目，如钢筋混凝土、砖墙、粉刷等项目的单价可以报得低一些，对不常见的分部分项工程项目，如刺网围墙等项目的单价可以适当提高一些
6	如招标文件要求某些分部分项工程报"单价分析表"，可以将单位分析表中的人工费及机械设备费报得高一些，而将材料费报的低一些
7	对于工程量较小的分部分项工程，可以将单价报低一些，让招标人感觉清单上的单价大幅下降，体现让利的诚意，而这部分费用对于总的报价影响并不大

不平衡报价策略可以参考表4-6进行。

表4-6　　　　　　　　　　　　　不平衡报价策略表

序号	信息类型	变动趋势	不平衡结果
1	资金收入的时间	早	单价高
		晚	单价低
2	清单工程量不准确	需要增加	单价高
		需要减少	单价低
3	报价图纸不明确	可能增加工程量	单价高
		可能减少工程量	单价低
4	暂定工程	自己承包的可能性高	单价高
		自己承包的可能性低	单价低
5	单价和包干混合制项目	固定包干价格项目	单价高
		单价项目	单价低

续表

序号	信息类型	变动趋势	不平衡结果
6	单价组成分析表	人工费和机械费	单价高
		材料费	单价低
7	议标时招标人要求压低单价	工程量大的项目	单价小幅度降低
		工程量小的项目	单价较大幅度降低
8	工程量不明确报单价的项目	没有工程量	单价高
		有假定的工程量	单价适中

（2）多方案报价法。对于一些招标文件，如果发现工程范围不很明确，条款不清楚或很不公正，或技术规范要求过于苛刻，则要在充分估计投标风险的基础上，按多方案报价法处理。即是按原招标文件报一个价，然后再提出，如××条款做某些变动，报价可降低多少，由此可报出一个较低的价。这样可以降低总价，吸引招标人。

（3）计日工单价的报价。如果是单纯报计日工单价，而且不计入总价中，则可以报高些，以便在招标人额外用工或使用施工机械时可多盈利；但如果计日工工单价要计入总报价，则需具体分析是否报高价，以免抬高总报价。总之，要分析招标人在开工后可能使用的计日工数量，再来确定报价方针。

（4）低价格投标策略。先低价投标。而后赢得机会创造第二期工程中的竞争优势，并在以后的实施中盈利；某些施工企业其投标的目的不在于从当前的工程上获利，而是着眼于长远的发展；较长时期内，投标人没有在建的工程项目，如果再不得标，就难以维持生存。因此，虽然本工程无利可图，只要能有一定的管理费维持公司的日常运转，就可设法解决暂时的困难，再图发展。

第5章 快速编制工程造价

建设工程造价文件包括投资估算、设计概算、施工图预算、标底、投标报价、施工预算、工程结算与竣工决算等。

5.1 建设工程投资估算编制与审核

5.1.1 投资估算的编制

（1）投资估算的作用。投资估算是在投资决策阶段，以方案设计或可行性研究文件为依据，按照规定的程序、方法和依据，对拟建项目所需总投资及其构成进行的预测和估计；是在研究并确定项目的建设规模、产品方案、技术方案、工艺技术、设备方案、厂址方案、工程建设方案及项目进度计划等的基础上，依据特定的方法，估算项目从筹建、施工直至建成投产所需全部建设资金总额并测算建设期各年资金使用计划的过程。

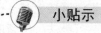 小贴示

投资估算的成果文件称作投资估算书，也简称投资估算。投资估算书是项目建议书或可行性研究报告的重要组成部分，是项目决策的重要依据之一。

投资估算作为论证拟建项目的重要经济文件，既是建设项目技术经济评价和投资决策的重要依据，又是该项目实施阶段投资控制的目标值。投资估算在建设工程的投资决策、造价控制、筹集资金等方面都有重要作用，具体作用如下。

1）项目建议书阶段的投资估算，是项目主管部门审批项目建议书的依据之一，也是编制项目规划、确定建设规模的参考依据。

2）项目可行性研究阶段的投资估算，是项目投资决策的重要依据，也是研究、分析、计算项目投资经济效果的重要条件。当可行性研究报告被批准后，其投资估算额将作为设计任务书中下达的投资限额，即建设项目投资的最高限额，不得随意突破。

3）项目投资估算是设计阶段造价控制的依据，投资估算一经确定，即成为限额设计的依据，用以对各设计专业实行投资切块分配，作为控制和指导设计的尺度。

4）项目投资估算可作为项目资金筹措及制订建设贷款计划的依据，建设单位可根据批准的项目投资估算额，进行资金筹措和向银行申请贷款。

5）项目投资估算是核算建设项目固定资产投资需要额和编制固定资产投资计划的重要依据。

6）投资估算是建设工程设计招标、优选设计单位和设计方案的重要依据。在工程设计招标阶段，投标单位报送的投标书中包括项目设计方案、项目的投资估算和经济性分析，招

标单位根据投资估算对各项设计方案的经济合理性进行分析、衡量、比较，在此基础上，择优确定设计单位和设计方案。

(2) 投资估算的编制内容。根据《建设项目投资估算编审规程》(CECA/ GC 1—2015 规定，投资估算按照编制估算的工程对象划分，包括建设项目投资估算、单项工程投资估算和单位工程投资估算等。投资估算文件一般由封面、签署页、编制说明、投资估算分析、总投资估算表、单项工程估算表、主要技术经济指标等内容组成。

1) 编制说明。编制说明内容见表 5-1。

表 5-1　　　　　　　　　　　　　　编 制 说 明 内 容

序号	内　　　　容
1	工程概况
2	编制范围。说明建设项目总投资估算中所包括的和不包括的工程项目和费用；如有几个单位共同编制时，说明分工编制的情况
3	编制方法
4	编制依据
5	主要技术经济指标。包括投资、用地和主要材料用量指标。当设计规模有远、近期不同的考虑时，或者土建与安装的规模不同时，应分别计算后再综合
6	有关参数、率值的选定。如地拆迁、供电供水、考察咨询等费用的费率标准选用情况
7	特殊问题的说明（包括采用新技术、新材料、新设备、新工艺）；必须说明价格的确定过程；进口材料、设备、技术费用的构成与计算参数；采用特殊结构的费用估算方法；安全、节能、环保、消防等专项投资占总投资的比重；建设项目总投资中未计算项目或费用的必要说明等
8	对投资限额和投资分解说明（采用限额设计的工程）
9	对方案比选的估算和经济指标说明（采用方案比选的工程）
10	资金筹措方式

2) 投资估算分析。投资估算分析内容见表 5-2。

表 5-2　　　　　　　　　　　　　　投资估算分析内容

序号	内　　　　容
1	工程投资比例分析。一般建筑工程要分析土建、装饰、给排水、电气、暖通、空调、动力等主体工程和道路、广场、围墙、大门、室外管线、绿化等室外附属工程占总投资的比例；一般工业项目要分析主要生产项目（列出各生产装置）、辅助生产项目、公用工程项目（给排水、供电和通信、供气、总图运输等）、服务性工程、生活福利设施、厂外工程占建设总投资的比例
2	分析设备及工器具购置费、建筑工程费、安装工程费、工程建设其他费用、预备费、建设期利息占建设总投资的比例；分析引进设备费用占全部设备费用的比例等
3	分析影响投资的主要因素
4	与类似工程项目的比较，对投资总额进行分析。投资分析可单独成篇，也可列入编制说明中叙述

3) 总投资估算。总投资估算包括汇总单项工程估算、工程建设其他费用、基本预备费和建设期利息等。

4) 单项工程投资估算。单项工程投资估算中，应按建设项目划分的各个单项工程分别计算组成工程费用的建筑工程费、设备及工器具购置费及安装工程费。

5）工程建设其他费用估算。工程建设其他费用估算应按预期将要发生的工程建设其他费用种类，逐项详细估算其费用金额。

6）主要技术经济指标。工程造价人员应根据项目特点，计算并分析整个建设项目、各单项工程和主要单位工程的主要技术经济指标。

（3）投资估算的编制依据。依据建设项目特征、设计文件和相应的工程计价依据，对项目总投资及其构成进行估算，并对主要技术经济指标进行分析。建设项目投资估算编制依据是指在编制投资估算时进行工程计量及价格确定，与工程计价有关参数、率值确定的基础资料，具体内容见表5-3。

表5-3 投资估算编制依据

序号	内　　容
1	国家、行业和地方政府的有关规定
2	拟建项目建设方案确定的各项工程建设内容
3	工程勘察与设计文件，图示计量或有关专业提供的主要工程量和主要设备清单
4	行业部门、项目所在地工程造价管理机构或行业协会等编制的投资估算办法、投资估算指标、概算指标（定额）、工程建设其他费用定额（规定）、综合单价、价格指数和有关造价文件等
5	类似工程的各种技术经济指标和参数
6	工程所在地的同期的人工、材料、设备的市场价格，建筑、工艺及附属设备的市场价格和有关费用
7	政府有关部门、金融机构等部门发布的价格指数、利率、汇率、税率等有关参数
8	委托单位提供的其他技术经济资料

（4）投资估算的编制要求。投资估算的编制要求见表5-4。

表5-4 投资估算编制要求

序号	内　　容
1	应委托有相应工程造价咨询资质的单位编制
2	应根据主体专业设计的阶段和深度，结合各自行业的特点，所采用生产工艺流程的成熟性，以及编制单位所掌握的国家及地区、行业或部门相关投资估算基础资料和数据的合理、可靠、完整程度，采用合适的方法，对建设项目投资估算进行编制
3	应做到工程内容和费用构成齐全，不漏项，不提高或降低估算标准，计算合理，不少算、不重复计算
4	应充分考虑拟建项目设计的技术参数和投资估算所采用的估算系数、估算指标在质和量方面所综合的内容，应遵循口径一致的原则
5	应根据项目的具体内容及国家有关规定等，将所采用的估算系数和估算指标价格、费用水平调整到项目建设所在地及投资估算编制年的实际水平
6	应对影响造价变动的因素进行敏感性分析，分析市场的变动因素，充分估计物价上涨因素和市场供求情况对项目造价的影响，确保投资估算的编制质量
7	投资估算精度应能满足控制初步设计概算要求，并尽量减少投资估算的误差

（5）投资估算的编制方法

1）项目建议书阶段投资估算编制方法。项目规划和项目建议书阶段，投资估算的精度低，可采用简单的估算法，如生产能力指数法、单位生产能力法、类似项目对比法、系数法等。

a. 单位生产能力估算法。依据调查的统计资料，利用相近规模的单位生产能力投资乘以建设规模，即得拟建项目投资。其计算公式为

$$C_2 = \left(\frac{C_1}{Q_1}\right) Q_2 F$$

式中：C_1 为已建类似项目的静态投资额；C_2 为拟建项目静态投资额；Q_1 为已建类似项目的生产能力；Q_2 为拟建项目的生产能力；F 为不同时期、不同地点的工程造价综合调整系数。

b. 生产能力指数法。生产能力指数法又称指数估算法，根据已建成的类似项目生产能力和投资额来粗略估算拟建项目投资额的方法，是对单位生产能力估算法的改进和修正。其计算公式为

$$C_2 = C_1 \left(\frac{Q_2}{Q_1}\right)^x F$$

式中：x 为生产能力指数，在一般情况下 $0 < x < 1$。使用指数估算法时，要确定适当的生产能力指数取值，不同地区、项目、时期的取值是不相同的。若已建类似项目的生产规模与拟建项目生产规模相差不大，且拟建项目生产规模的扩大仅靠增大设备规模来达到时，则 x 的取值在 $0.6 \sim 0.7$；若是靠增加相同规格设备的数量达到增加生产规模，则 x 取值在 $0.8 \sim 0.9$。

生产能力指数估算法与单位生产能力估算法相比较，精确度有所提高，一般可控制在 $\pm 20\%$ 以内。尽管估价误差仍较大，但优点是不需要详细的工程设计资料，只要知道工艺流程及规模就可以。

c. 系数估算法。系数估算法又称为因子估算法，是以拟建项目的主体工程费或主要设备为基数，以其他工程费与主体工程费或主要设备费的百分比为系数估算项目总投资的方法。这种方法简单易行，但是精度不高，一般只限用于项目建议书阶段。

设备系数法。以拟建项目的设备费为基数，根据已建成同类项目的建筑安装费和其他工程费等与设备价值的百分比，求出拟建项目建筑安装工程费和其他工程费，进而求出建设项目总投资。其计算公式为

$$C = E(1 + F_1 P_1 + F_2 P_2 + F_3 P_3 + \cdots) + I$$

式中：C 为拟建项目投资额；E 为拟建项目设备费；P_1，P_2，P_3，…为已建项目中建筑安装费及其他工程费等与设备费的比例；F_1，F_2，F_3，…为由于时间因素引起的定额、价格、费用标准等变化的综合调整；I 为拟建项目的其他费用。

主体专业系数法。以在拟建项目中投资比重较大，并与生产能力直接相关的专业（多数为工艺专业，民建项目为土建专业）确定为主体专业，先详细估算出主体专业投资；根据已建同类项目的有关统计资料，计算出拟建项目各专业（如总图、土建、采暖、给排水、管道、电气、自控等）与主体专业投资的百分比，以主体专业投资为基数求出拟建项目各专业投资，然后汇总即为项目总投资。其计算公式为

$$C = E(1 + F_1 G_1 + F_2 G_2 + F_3 G_3 + \cdots) + I$$

式中：G_1，G_2，G_3，…为拟建项目中各专业工程费用与设备投资的比重。

朗格系数法。这种方法是以设备费为基数，乘以适当系数来推算项目的建设投资。该方法的基本原理是将总成本费用中的直接成本和间接成本分别计算，再合为项目建设的总成本

费用。其计算公式为

$$C = E(1 + \sum K_i)K_c$$

式中：C 为总建设费用；E 为主要设备费；K_i 为管线、仪表、建筑物等项目费用的估算系数；K_c 为管理费、合同费、应急费等项费用的估算系数。

总建设费用与设备费用之比为朗格系数 KL。即

$$KL = (1 + \sum K_i) - K_c$$

d. 类似项目对比法。在项目建议书阶段，这种方法是行之有效的，不但能使估算编制变得简易可行，而且还能大大地提高估算的合理性和可靠性，有时能接近或达到可行性研究阶段的估算精度。其方法可用下式表示

$$C_2 = C_1 + \sum N_i - \sum M_j$$

式中：C_2 为已建类似项目的静态投资额；C_1 为拟建项目静态投资额；N_i 为拟建项目比已建类似项目的增项投资；M_j 为拟建项目比已建类似项目的减项投资。

e. 指标估算法。指标估算法是依据国家有关规定，国家或行业、地方的定额、指标和取费标准，以及设备和主材价格等，从工程费用中的单项工程入手，来估算初始投资。

2）可行性研究阶段投资估算的编制方法。可行性研究阶段的投资估算方法主要有单位生产能力估算法、生产能力指数法、系数法、类似项目对比法、比例估算法、指标估算法、工程量估算法等。

a. 比例估算法。比例估算法是根据统计资料，先求出已有同类企业主要设备投资占全厂建设投资的比例，然后再估算出拟建项目的主要设备投资，即可按比例求出拟建项目的建设投资。其计算公式为

$$I = \frac{I}{K} \sum_{i=1}^{n} Q_i P_i$$

式中：I 为拟建项目的建设投资；K 为已建项目主要设备投资占已建项目投资的比例；n 为设备种类数；Q_i 为第 i 种设备的数量；P_i 为第 i 种设备的单价。

b. 指标估算法。指标估算法是把建设项目划分为建筑工程、设备安装工程、设备及工器具购置费及其他基本建设费等费用项目或单位工程，再根据各种具体的投资估算指标，进行各项费用项目或单位工程投资的估算，在此基础上，可汇总成每一单项工程的投资。另外再估算工程建设其他费用及预备费，即求得建设项目总投资。

建筑工程费用估算。建筑工程费用是指为建造永久性建筑物和构筑物所需要的费用，一般采用单位建筑工程投资估算法、单位实物工程量投资估算法、概算指标投资估算法等进行估算，具体内容见表 5-5。

表 5-5 建筑工程费用估算方法

序号	类别	计算方式	备 注
1	单位建筑工程投资估算法	以单位建筑工程量投资乘以建筑工程总量计算	例如，一般工业与民用建筑以单位建筑面积（m²）的投资、工业窑炉砌筑以单位容积（m³）的投资、水库以水坝单位长度（m）的投资、铁路路基以单位长度（km）的投资、矿井掘进以单位长度（m）的投资，乘以相应的建筑工程量计算建筑工程费

续表

序号	类别	计算方式	备　注
2	单位实物工程量投资估算法	以单位实物工程量的投资乘以实物工程总量计算	土石方工程按每立方米投资、矿井巷道衬砌工程按每延米投资、路面铺设工程按每平方米投资，乘以相应的实物工程总量计算建筑工程费
3	概算指标投资估算法	对于没有上述估算指标且建筑工程费占总投资比例较大的项目，可采用概算指标估算法	采用此种方法，应具有较为详细的工程资料、建筑材料价格和工程费用指标，投入的时间和工作量大

设备及工器具购置费估算。设备购置费根据项目主要设备表及价格、费用资料编制，工器具购置费按设备费的一定比例计取。对于价值高的设备应按单台（套）估算购置费，价值较小的设备可按类估算，国内设备和进口设备应分别估算。

安装工程费估算。安装工程费通常按行业或专门机构发布的安装工程定额、取费标准和指标估算投资。具体可按安装费率、每吨设备安装费或单位安装实物工程量的费用估算，即

$$安装工程费＝设备原价×安装费率$$
$$安装工程费＝设备吨位×每吨安装费$$
$$安装工程费＝安装工程实物量×安装费用指标$$

工程建设其他费用估算。工程建设其他费用按各项费用科目的费率或者取费标准估算。

基本预备费估算。基本预备费在工程费用和工程建设其他费用基础之上乘以基本预备费率。

 小贴示

指标估算法使用注意事项。

1. 使用估算指标法应根据不同地区、时间进行调整。在有关部门颁布有定额或材料价差系数（物价指数）时，可以根据其调整。

2. 使用估算指标法进行投资估算绝不能生搬硬套，必须对工艺流程、定额、价格及费用标准进行分析，经过实事求是的调整与换算后，才能提高其精确度。

c. 工程量估算法。工程量估算法适用于简单或单一项目，工程量估算法是可行性研究阶段最有效的一种方法，这种方法要求可行性研究应具有相应的深度，各个专业能够按要求估列相应深度的工程量。工程量估算法可用公式表示为

$$C = \sum Q_i K_i$$

式中：C 为拟建项目的工程费；Q_i 为拟建项目工程第 i 项工程量；K_i 为拟建项目工程第 i 项单价（指标）。

计算出单项工程或单位工程的工程费后，再按估算的一般编制方法汇总项目总的工程费。

5.1.2　投资估算的审核

（1）分析和审核投资估算所采用的各种资料。应着重审核各种资料和数据的适用性、准

确性和时效性。例如，已建项目的投资、设备和材料价格、运杂费率、有关的定额、指标、标准，以及有关规定等都与时间、建设地点有密切联系，所以必须对这些资料进行调查分析，使之符合估算时的实际。

（2）审核选用方法的科学性、适用性。投资估算方法很多，每种投资估算方法都各有各的适用条件和范围，并且有不同的精度。应审核投资估算所采用的方法与拟建项目的客观条件是否相符，能否达到所要求的精度。

（3）审核和分析投资估算的编制内容。审核和核对投资估算的内容，审核投资估算包括的工程内容与规定、规划的内容是否一致；审核投资估算的项目产品、生产装置的先进性和自动化程度是否符合规划要求的先进程度；审核是否对拟建项目与已在建工程成本、工艺水平、规模大小、自然条件、环境因素等方面的差异做了适当的调整。

（4）审核投资估算费用划分及费用项目。审核投资估算的费用项目、费用数额是否与规定和具体情况相符合，有否漏项或多项现象，"三废"处理等所需的投资是否已经进行估算，是否考虑了物价上涨和汇率变动对投资的影响。审核是否考虑了采用新技术、新材料以及现行标准和规范比已运行项目的要求提高所需增加的投资，额度是否合适。

投资估算审核的具体内容见表 5 - 6。

表 5 - 6　　　　　　　　　　　　　　投资估算审核内容

序号	审核要点	具体内容	备　　注
1	投资估算所采用的各种资料	审核各种资料和数据的时效性、准确性和实用性	例如，已建项目的投资、设备和材料价格、运杂费率、有关的定额、指标、标准及有关规定等，这些资料可能随时间、地区、价格及定额水平的变化而变化，使投资估算有较大的出入，所以必须对这些资料进行调查分析，对已建项目与拟建项目在投资方面形成的差异进行调整，使之符合估算投资年度的实际
2	投资估算选用方法	审核投资估算方法的科学性与适用性	投资估算的方法有许多种，每种估算方法都有各自适用条件和范围，并具有不同的准确度。如果使用的投资估算方法与项目的客观条件和情况不相适应，或者超出了该方法的适用范围，那就不能保证投资估算的质量。而且还要结合设计的阶段或深度等条件，采用适用、合理的估算办法进行估算
3	投资估算的编制内容	审核投资估算的编制内容与拟建项目规划要求的一致性，是否在估算时已进行了必要的修正和反映，是否对工程内容尽可能地量化和质化，有没有出现内容方面的重复或漏项和费用方面的高估或低算	如建设项目的主体工程与附加工程或辅助工程、公用工程、生产与生活服务设施、交通工程等是否与规定的一致。是否漏掉了某些辅助工程、室外工程等的建设费用

续表

序号	审核要点	具体内容	备　注
4	投资估算费用划分及费用项目	（1）审核各个费用项目与规定要求、实际情况是否相符，是否漏项或多项，估算的费用项目是否符合项目的具体情况、国家规定及建设地区的实际要求，是否针对具体情况做了适当的增减。 （2）审核项目所在地区的交通、地方材料供应、国内外设备的订货与大型设备的运输等方面，是否针对实际情况考虑了材料价格的差异问题；对偏僻地区或有大型设备时是否已考虑了增加设备的运杂费。 （3）审核是否考虑了物价上涨和对于引进国外设备或技术项目是否考虑了每年的通货膨胀率对投资额的影响，考虑的波动变化幅度是否合适。 （4）审核对于"三废"处理所需相应的投资是否进行了估算，其估算数额是否符合实际。 （5）审核项目投资主体自有的稀缺资源是否考虑了机会成本，沉没成本是否剔除。 （6）审核是否考虑了采用新技术、新材料及现行标准和规范比已建项目的要求提高所需增加的投资额，考虑的额度是否合适	——

5.2　建设工程设计概算编制与审核

5.2.1　设计概算的编制

（1）设计概算的作用。设计概算是设计阶段以初步设计文件为依据，按照规定的程序、方法和依据，对建设项目总投资及其构成进行的概略计算。设计概算投资应包括建设项目从立项、可行性研究、设计、施工、试运行到竣工验收等的全部建设资金。

 小贴示

设计概算的成果文件称作设计概算书，简称设计概算。设计概算书是初步设计文件的重要组成部分，其特点是编制工作相对简略，无须达到施工图预算的准确程度。采用两阶段设计的建设项目，初步设计阶段必须编制设计概算；采用三阶段设计的，扩大初步设计阶段必须编制修正概算。

设计概算是工程造价在设计阶段的表现形式，但其并不具备价格属性。因为设计概算不是在市场竞争中形成的，而是设计单位根据有关依据计算出来的工程建设的预期费用，用于衡量建设投资是否超过估算并控制下一阶段费用支出。其具体作用如下。

1）设计概算是编制固定资产投资计划、确定和控制建设项目投资的依据。按照国家有关规定，编制年度固定资产投资计划，确定计划投资总额及其构成数额，要以批准的初步设计概算为依据，没有批准的初步设计文件及其概算，建设工程不能列入年度固定资产投资计划。设计概算一经批准，将作为控制建设项目投资的最高限额。在工程建设过程中，年度固定资产投资计划安排、银行拨款或贷款、施工图设计及其预算、竣工决算等，未经规定程序批准，都不能突破这一限额，以确保对国家固定资产投资计划的严格执行和有效控制。

2）设计概算是衡量设计方案技术经济合理性和选择最佳设计方案的依据。设计部门在初步设计阶段要选择最佳设计方案，设计概算是从经济角度衡量设计方案经济合理性的重要依据。

3）设计概算是控制施工图设计和施工图预算的依据。经批准的设计概算是建设工程项目投资的最高限额。设计单位必须按批准的初步设计和总概算进行施工图设计，施工图预算不得突破设计概算，设计概算批准后不得任意修改和调整；如需修改或调整时，须经原批准部门重新审批。竣工结算不能突破施工图预算，施工图预算不能突破设计概算。

4）设计概算是签订建设工程合同和贷款合同的依据。合同法中明确规定，建设工程合同价款是以设计概、预算价为依据，且总承包合同不得超过设计总概算的投资额。银行贷款或各单项工程的拨款累计总额不能超过设计概算。如果项目投资计划所列支投资额与贷款突破设计概算，则必须查明原因，之后由建设单位报请上级主管部门调整或追加设计概算总投资。

5）设计概算是考核建设项目投资效果的依据。通过设计概算与竣工决算对比，可以分析和考核建设工程项目投资效果的好坏，同时还可以验证设计概算的准确性，有利于加强设计概算管理和建设项目的造价管理工作。

6）设计概算是编制招标控制价（招标标底）和投标报价的依据。以设计概算进行招投标的工程，招标单位以设计概算作为编制招标控制价（标底）及评标定标的依据。承包单位也必须以设计概算为依据，编制投标报价，以合适的投标报价在投标竞争中取胜。

（2）投资估算的编制内容。设计概算文件的编制应采用单位工程概算、单项工程综合概算、建设项目总概算三级概算编制形式。

1）单位工程概算。单位工程是指具有独立的设计文件，能够独立组织施工，但不能独立发挥生产能力或使用功能的工程项目，是单项工程的组成部分。单位工程概算是以初步设计文件为依据，按照规定的程序、方法和依据，计算单位工程费用的成果文件，是编制单项工程综合概算（或项目总概算）的依据，是单项工程综合概算的组成部分。单位工程概算组成内容如图5-1所示。

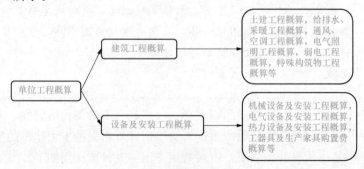

图5-1　单位工程概算组成内容

2）单项工程综合概算。单项工程是指在一个建设项目中，具有独立的设计文件，建成后能够独立发挥生产能力或使用功能的工程项目。单项工程概算是以初步设计文件为依据，在单位工程概算的基础上汇总单项工程费用的成果文件，由单项工程中的各单位工程概算汇总编制而成，是建设项目总概算的组成部分。单项工程综合概算组成内容如图 5-2 所示。

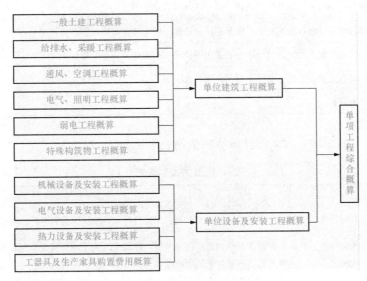

图 5-2 单项工程综合概算的组成内容

3）建设项目总概算。建设项目总概算是以初步设计文件为依据，在单项工程综合概算的基础上计算建设项目概算总投资的成果文件，它是由各单项工程综合概算、工程建设其他费用概算、预备费概算、建设期利息概算和生产或经营性项目铺底流动资金概算汇总编制而成的，如图 5-3 所示。

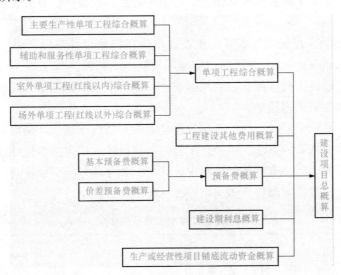

图 5-3 建设项目总概算的组成内容

（3）设计概算的编制依据。设计概算的编制依据见表5-7。

表5-7　　　　　　　　　　　　　　设计概算的编制依据

序号	内　　容
1	国家、行业和地方政府有关建设和造价管理的法律、法规、规章、规程、标准等
2	批准的可行性研究报告及投资估算、设计图纸等有关资料
3	有关部门颁布的现行概算定额、概算指标、费用定额等和建设项目设计概算编制办法
4	有关部门发布的人工、材料价格，有关设备原价及运杂费率，造价指数等
5	建设场地自然条件和施工条件；有关合同、协议等
6	其他有关资料

（4）设计概算的编制要求。设计概算的编制要求见表5-8。

表5-8　　　　　　　　　　　　　　设计概算的编制要求

序号	内　　容
1	设计概算应按编制时项目所在地的价格水平编制，总投资应完整地反映编制时建设项目实际投资
2	设计概算应结合项目所在地设备和材料市场供应情况、建筑安装施工市场变化，还应按项目合理工期预测建设期价格水平，以及资产租赁和贷款的时间价值等动态因素对投资的影响
3	设计概算应考虑建设项目施工条件以及能够承担项目施工的工程公司情况等因素对投资的影响

（5）设计概算的编制方法。

1）单位工程概算的编制。单位工程概算可分为建筑工程概算和设备安装工程概算两大类。其中，建筑工程概算的编制方法有概算定额法、概算指标法、类似工程预算法等；设备及安装工程概算的编制方法有预算单价法、扩大单价法、设备价值百分比法和综合吨位指标法等。

a. 建筑工程概算。建筑工程概算是指设计单位在初步设计阶段，根据设计图纸及说明书、概算定额（或概算指标）、各项费用定额等资料，或参照类似工程预决算文件，用科学的方法计算和确定建筑工程全部建设费用的文件。建筑工程概算主要有三种方法：概算定额法、概算指标法和类似工程预法。

概算定额法。概算定额法又叫扩大单价法或者扩大结构定额法，是指利用概算定额来编制单位建设工程设计概算的方法。当拟建工程的初步设计或扩大初步设计达到一定深度，其建筑结构要求比较明确、基本能从设计图中计算出扩大分部分项工程量时，可采用概算定额法来编制工程概算。概算定额法具体编制步骤见表5-9。

表5-9　　　　　　　　　　　　　概算定额法编制工程预算步骤

序号	具体内容	备　　注
1	根据设计图纸和概算定额工程量计算规则进行，并将计算所得各分项工程量按概算定额编号顺序，填入工程概算表内	—

序号	具体内容	备　注
2	确定各分部分项工程项目的概算定额单价。工程量计算完毕后，逐项套用相应概算定额单价和人工、材料消耗指标，然后分别将其填入工程概算表和工料分析表中。如果遇设计图中的分项工程项目名称、内容与采用的概算定额手册中相应的项目有某些不相符，则按规定对定额进行换算后方可套用	概算定额单价的计算公式为 概算定额单价＝概算定额人工费 ＋ 概算定额材料费 ＋ 概算定额机械台班使用费＝（概算定额中人工消耗量×人工单价）＋（概算定额中材料消耗量×材料预算单价表）＋（概算定额中机械台班消耗量×机械台班单价）
3	根据市场价格信息，确定人工、材料、施工机械单价和各项费用标准	—
4	计算企业管理费、利润、规费和税金。根据人、材、机费，结合其他各项取费标准，分别计算企业管理费、利润、规费和税金	计算公式如下（以人工费为计算基础） 企业管理费 ＝ 定额人工费×企业管理费费率 利润＝定额人工费×利润率 规费＝定额人工费×社会保险费和住房公积金费率＋工程排污费 税金＝（人、材、机费＋企业管理费＋利润＋规费）×综合税率
5	计算单位工程概算造价	计算公式如下 单位工程概算造价＝人、材、机费＋企业管理费＋利润＋规费＋税金

概算指标法。概算指标法是用拟建的厂房、住宅的建筑面积（或体积）乘以技术条件相同或基本相同的概算指标得出人、材、机费，然后按规定计算出企业管理费、利润、规费和税金等，得出单位工程概算的方法。当初步设计深度较浅，无法准确计算扩大分部分项工程量，但工程采用的技术比较成熟而且有相应工程的概算指标时，可以采用概算指标法来编制工程概算。

类似工程预算法。类似工程是指工程用途、结构类型、构造特征和装饰标准与拟建工程相似的已建或在建工程。类似工程预算法是以原有的类似工程的预算为基础，按编制概算指标的方法，求出单位工程的概算指标，再按概算指标法编制建筑工程概算。当拟建工程与已建或在建工程相类似，或者概算定额和概算指标不全时，可以采用类似工程预算法来编制建筑工程概算。

b. 单位设备及安装工程概算编制方法。单位设备及安装工程概算包括单位设备及工器具购置费概算和单位设备安装工程费概算两大部分。

单位设备及工器具购置费概算。设备及工器具购置费是根据初步设计的设备清单计算出设备原价，并汇总求出设备总原价，然后按有关规定的设备运杂费率乘以设备总原价，两项相加再考虑工器具及生产家具购置费，即为设备及工器具购置费概算。设备及工器具购置费概算的编制依据包括设备清单、工艺流程图；各部门和各省、自治区、直辖市规定的现行设备价格和运费标准、费用标准。

设备安装工程费概算的编制方法。设备安装工程费概算的编制方法应根据初步设计深度和要求所明确的程度而采用，其主要编制方法见表 5-10。

表 5 - 10 　　　　　　　　　　　**设备安装工程概算编制方法**

序号	编制方法	具 体 内 容
1	预算单价法	当初步设计较深，有详细的设备清单时，可直接按安装工程预算定额单价编制安装工程概算，精确性较高
2	扩大单价法	当初步设计深度不够，设备清单不完备，只有主体设备或仅有成套设备重量时，可采用综合扩大安装单价来编制概算
3	设备价值百分比法	当初步设计深度不够，只有设备出厂价而无详细规格重量时，安装费可按占设备费的百分比计算。常用于价格波动不大的定型产品和通用设备产品，其计算公式为 设备安装费＝设备原价×安装费率（%）
4	综合吨位指标法	当初步设计提供的设备清单有规格和设备重量时，可采用综合吨位指标编制概算，该法常用于设备价格波动较大的非标准设备和引进设备的安装工程概算。其计算公式为 设备安装费＝设备吨重× 每吨设备安装费指标（元/t）

2）单项工程综合概算的编制。单项工程综合概算是确定单项工程建设费用的综合性文件，它是由该单项工程的各专业单位工程概算汇总而成的，是建设项目总概算的组成部分。单项工程综合概算文件一般包括编制说明、综合概算表两大部分。

a. 编制说明。编制说明应列在综合概算表的前面，其具体内容见表 5-11。

表 5 - 11 　　　　　　　　　　　**单项工程综合概算编制说明内容**

序号	具 体 内 容
1	工程概况。简述建设项目性质、特点、生产规模、建设周期、建设地点、主要工程量、工艺设备等情况。引进项目要说明引进内容及与国内配套工程等主要情况
2	编制依据。包括国家和有关部门的规定、设计文件、现行概算定额或概算指标、设备材料的预算价格和费用指标等
3	编制方法。说明设计概算是采用概算定额法，还是采用概算指标法或其他方法
4	主要设备、材料的数量
5	主要技术经济指标。主要包括项目概算总投资（有引进的给出所需外汇额度）及主要分项投资、主要技术经济指标（主要单位投资指标）等
6	工程费用计算表。主要包括建筑工程费用计算表、工艺安装工程费用计算表、配套工程费用计算表、其他涉及工程的工程费用计算表
7	引进设备材料有关费率取定及依据。主要是关于国外运输费、国外运输保险费、关税、国内运杂费、其他有关税费等
8	引进设备材料从属费用计算表
9	其他必要的说明

b. 综合概算表。综合概算表是根据单项工程所辖范围内的各单位工程概算等基础资料，按照国家或部委所规定统一表格进行编制。综合概算一般应包括建筑工程费用、安装工程费用、设备及工器具购置费。当不编制总概算时，还应包括工程建设其他费用、建设期利息、预备费等费用项目。单项工程综合概算表见表 5-12。

表 5 - 12　　　　　　　　　　　　　　　　　单项工程综合概算表

建设项目名称：　　　　　　　　单项工程名称：　　　　　　　　　　　　　单位：万元　共　页　第　页

| 序号 | 概算编号 | 工程项目和费用名称 | 概算价值 | | | | | | 其中：引进部分 | | |
			设计规模和主要工程量	建筑工程	安装工程	设备购置	工器具及生产家具购置	其他	总价	美元	折合人民币
一		主要工程									
1	×	×××××									
2	×	×××××									
二		辅助工程									
1	×	×××××									
2	×	×××××									
三		配套工程									
1	×	×××××									
2	×	×××××									
		单项工程概算费用合计									

3）建设项目总概算的编制。建设项目总概算是确定建设项目的全部建设费用的总文件，它包括该项目从筹建到竣工验收交付使用的全部建设费用。它由各单项工程综合概算、工程建设其他费用、建设期贷款利息、预备费、固定资产投资方向调节税和经营性铺底流动资金组成，按照主管部门规定的统一表格编制。

a. 建设项目总概算的编制说明。编制说明具体内容见表 5 - 13。

表 5 - 13　　　　　　　　　　　建设项目总概算编制说明内容

序号	具 体 内 容
1	项目概况，内容包括简述建设项目的建设地点、设计规模、建设性质（新建、扩建或改建人工程类别、建设期（年限）、主要工程内容、主要工程量、主要工艺设备及数量等）
2	主要技术经济指标。项目概算总投资（有引进的给出所需外汇额度）及主要分项投资、主要技术经济指标（主要单位投资指标）等
3	资金来源。按资金来源不同渠道分别说明，发生资产租赁的说明租赁方式及租金
4	编制依据。说明概算主要编制依据和其他需要说明的问题
5	总说明附表。包括建筑、安装工程费用计算程序表、引进设备材料清单及从属费用计算表、具体建设项目概算和要求的其他附表及附件

b. 建设项目总概算的编制注意事项。首先，设计总概算文件应包括编制说明、总概算表、各单项工程综合概算书、工程建设其他费用概算表、主要建筑安装材料汇总表。独立装订成册的总概算文件宜加封面、签署页（扉页）和目录。其次，工程费用按单项工程综合概算组成编制，采用二级概算编制的按单位工程概算组成编制。再次，其他费用一般按其他费用概算顺序列项。最后，预备费包括基本预备费和价差预备费。

5.2.2 设计概算的审核

（1）设计概算审核的作用（见表 5-14）。

表 5-14　　　　　　　　　设计概算审核作用一览表

序号	作　用
1	合理分配投资资金，加强投资计划管理，合理确定和有效控制工程造价
2	促进设计概算编制单位严格执行国家有关概算的编制规定和费用标准，从而提高设计概算的编制质量
3	促进设计的技术先进性与经济合理性
4	核定建设项目的投资规模
5	为建设项目投资的落实提供可靠的依据

（2）设计概算审核的内容（见表 5-15）。

表 5-15　　　　　　　　　设计概算审核内容一览表

序号	审核类别	审　核　内　容
1	编制依据	（1）审核编制依据的合法性； （2）审核编制依据的时效性； （3）审核编制依据的适用范围
2	编制深度	（1）审核编制说明； （2）审核设计概算的编制深度； （3）审核设计概算的编制范围
3	编制内容	（1）审核设计概算的编制是否符合国家的方针和政策，是否根据工程所在地的自然条件编制； （2）审核建设规模、建设标准、配套工程、设计定员等是否符合原批准的可行性研究报告或立项批文的标准； （3）审核编制方法、计价依据和程序是否符合现行规定； （4）审核设备规格、数量和配置是否符合设计要求，是否与设备清单相一致，设备预算价格是否真实，设备原价和运杂费的计算是否正确，非标准设备原价的计价方法是否符合规定等； （5）审核建筑安装工程各项费用的计取是否符合国家或地方有关部门的现行规定，计算程序和取费标准是否正确； （6）审核综合概算、总概算的编制内容、方法是否符合现行规定和设计文件的要求； （7）审核总概算文件的组成内容是否完整地包括建设项目从筹建到竣工投产为止的全部费用组成； （8）审核技术经济指标和投资经济效果； （9）审核项目的"三废"治理

（3）设计概算审核的方法（见表 5-16）。

表 5 - 16　　　　　　　　　　　　　　**设计概算审核方法一览表**

序号	审核方法	具 体 内 容
1	对比分析法	(1) 建设规模、标准与立项批文对比； (2) 工程数量与设计图样对比； (3) 综合范围、内容与编制方法、规定对比； (4) 各项取费与规定标准对比；材料、人工单价与统一信息对比； (5) 引进设备、技术投资与报价要求对比； (6) 技术经济指标与同类工程对比
2	查询核实法	是对一些关键设备和设施、重要装置、引进工程图样不全、难以核算的较大投资进行多方查询核对，逐项落实的方法
3	联合会审法	包括设计单位自审，主管单位、建设单位、承包单位初审，工程造价咨询公司评审，邀请同行专家预审，审批部门复审等；对审核中发现的问题和偏差，按照单位工程概算、综合概算、总概算的顺序，按设备费、安装费、建筑费和工程建设其他费用分类整理，然后按照静态投资、动态投资和铺底流动资金三大类，汇总核增或核减的项目及其投资额

5.3　建设工程施工图预算编制与审核

5.3.1　施工图预算的编制

（1）施工图预算的作用。根据施工图、预算定额、各项取费标准、建设地区的自然及技术经济条件等资料编制的建筑安装工程预算造价文件。施工图预算的成果文件称作施工图预算书，又简称施工图预算，它是在施工图设计阶段对工程建设所需资金做出较精确计算的设计文件。施工图预算的主要作用见表 5 - 17。

表 5 - 17　　　　　　　　　　　　　　**施工图预算作用一览表**

序号	类别	具 体 内 容
1	对建设单位的作用	(1) 施工图预算是施工图设计阶段确定建设工程项目造价的依据，是设计文件的组成部分； (2) 施工图预算是建设单位在施工期间安排建设资金计划和使用建设资金的依据； (3) 施工图预算是招投标的重要基础，既是工程量清单的编制依据，也是招标控制价编制的依据； (4) 施工图预算是拨付进度款及办理结算的依据
2	对施工单位的作用	(1) 施工图预算是确定投标报价的依据； (2) 施工图预算是施工单位进行施工准备的依据，是施工单位在施工前组织材料、机具、设备及劳动力供应的重要参考； (3) 施工图预算是施工单位编制进度计划、统计完成工作量、进行经济核算的参考依据； (4) 施工图预算是控制施工成本的依据

序号	类别	具　体　内　容
3	对其他方面的作用	（1）对于工程咨询单位而言，尽可能客观、准确地为委托方做出施工图预算，是其业务水平、素质和信誉的体现； （2）对于工程造价管理部门而言，施工图预算是监督检查执行定额标准、合理确定工程造价、测算造价指数及审定招标工程标底的重要依据； （3）对于工程项目管理、监督等中介服务企业而言，客观准确的施工图预算是为业主方提供投资控制的依据； （4）在履行合同的过程中如果发生经济纠纷，施工图预算还是有关仲裁、管理、司法机关按照法律程序处理、解决问题的依据

（2）施工图预算的编制内容。施工图预算的基本组成如图 5 - 4 所示。

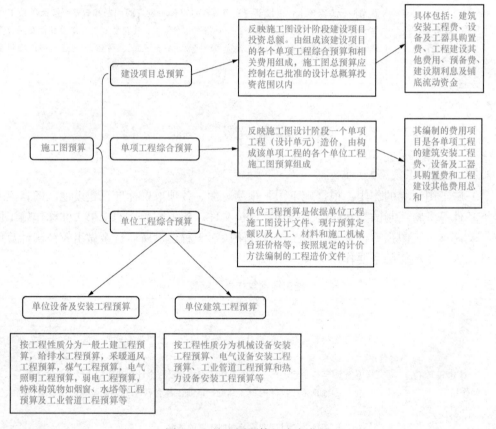

图 5 - 4　施工图预算组成内容图

施工图预算根据建设项目实际情况可采用三级预算编制形式或二级预算编制形式。当建设项目有多个单项工程时，应采用三级预算编制形式，三级预算编制形式由建设项目总预算、单项工程综合预算、单位工程预算组成。当建设项目只有一个单项工程时，应采用二级预算编制形式，二级预算编制形式由建设项目总预算和单位工程预算组成。

（3）施工图预算的编制依据。施工图预算的编制依据见表 5 - 18。

表 5 - 18　　　　　　　　　　　　　　　施工图预算编制依据一览表

序号	具 体 内 容
1	国家、行业和地方政府有关工程建设和造价管理的法律、法规和规定
2	经过批准和会审的施工图设计文件，包括设计说明书、标准图、图纸会审纪要、设计变更通知单及经建设主管部门批准的设计概算文件
3	施工现场勘察地质、水文、地貌、交通、环境及标高测量资料等
4	预算定额（或单位估价表）地区材料市场与预算价格等相关信息及颁布的材料预算价格、工程造价信息、材料调价通知、取费调整通知等；工程量清单计价规范
5	当采用新结构、新材料、新工艺、新设备而定额缺项时，按规定编制的补充预算定额，也是编制施工图预算的依据
6	合理的施工组织设计和施工方案等文件
7	工程量清单、招标文件、工程合同或协议书。它明确了施工单位承包的工程范围，应承担的责任、权利和义务
8	项目有关的设备、材料供应合同、价格及相关说明书
9	项目的技术复杂程度，以及新技术、专利使用情况等
10	项目所在地区有关的气候、水文、地质地貌等的自然条件
11	项目所在地区有关的经济、人文等社会条件
12	预算工作手册、常用的各种数据、计算公式、材料换算表、常用标准图集及各种必备的工具书

（4）施工图预算的编制要求。施工图预算的编制要求见表 5 - 19。

表 5 - 19　　　　　　　　　　　　　　　施工图预算编制要求一览表

序号	具 体 内 容
1	施工图纸经过审批、交底和会审，必须由建设单位、施工单位、设计单位等共同认可
2	施工单位编制的施工组织设计或施工方案必须经其主管部门批准
3	建设单位和施工单位在材料、构件和半成品等加工、订货及采购方面，都必须有明确分工或按合同执行
4	参加编制预算的人员，必须持有相应专业的编审资格证书

（5）施工图预算的编制方法。

1）单位工程施工图预算的编制。单位工程施工图预算主要包括建筑工程费、安装工程费和设备及工器具购置费。

a. 建筑安装工程费计算。建筑安装工程费应根据施工图设计文件、预算定额（或综合单价），以及人工、材料及施工机械台班等价格资料进行计算。主要编制方法有单价法和实物工程量法，单价法又分为定额单价法和综合单价法，一般情况下，使用定额单价法更多一些。

定额单价法。定额单价法又叫工料单价法或预算单价法，是根据建筑安装工程施工图设计文件和预算定额，按分部分项工程顺序，先算出分项工程量，然后再乘以对应的定额单价，求出分项工程直接工程费。将分项工程直接工程费汇总为单位工程直接工程费，直接工程费汇总后另加措施费、间接费、利润和税金等，生成施工图预算造价。定额单价法中的单价一般采用地区统一单位估价表中的各分项工程工料单价（定额基价）。其计算公式为

建筑安装工程预算造价＝∑（分项工程量×分项工程工料单价）

＋企业管理费＋利润＋规费＋税金

使用定额单价法编制施工图预算的基本步骤见表 5 - 20。

表 5 - 20　　　　　　　　　　定额单价法编制施工图预算基本步骤一览表

序号	基本步骤	具 体 内 容
1	准备资料，熟悉施工图纸	（1）收集编制施工图预算的编制依据； （2）熟悉施工图等基础资料； （3）了解施工组织设计和现场施工情况
2	列项并计算工程量	（1）根据工程内容和定额项目，列出需计算工程量的分部分项工程； （2）根据一定的计算顺序和计算规则，列出分部分项工程量的计算式； （3）根据施工图纸上的设计尺寸及有关数据，代入计算式进行数值计算； （4）对计算结果的计量单位进行调整，使之与定额中相应的分部分项工程的计量单位保持一致
3	套用定额单价，计算直接工程费	（1）分项工程的名称、规格、计量单位与预算单价或单位估价表中所列内容完全一致时，可以直接套用预算单价； （2）分项工程的主要材料品种与预算单价或单位估价表中规定材料不一致时，不可以直接套用预算单价，需要按实际使用材料价格换算预算单价； （3）分项工程施工工艺条件与预算单价或单位估价表不一致而造成人工、机械的数量增减时，一般调量不调价
4	编制工料分析表	工料分析是按照各分项工程，依据定额或单位估价表，首先从定额项目表中分别将各分项工程消耗的每项材料和人工的定额消耗量查出；再分别乘以该工程项目的工程量，得到分项工程工料消耗量，最后将各分项工程工料消耗量加以汇总，得出单位工程人工、材料的消耗数量
5	计算主材费并调查直接工程费	许多定额项目基价为不完全价格，即未包括主材费用在内，因此还应单独计算出主材费。计算完成后将主材费的价差加入人、材、机费。主材费计算的依据是当时当地的市场价格
6	按计价程序计取其他费用，并汇总造价	根据规定的税率、费率和相应的计取基础，分别计算企业管理费、利润、规费和税金。将上述费用累计后与人、材、机费进行汇总，求出单位工程预算造价。与此同时，计算工程的技术经济指标，如单方造价
7	复核	对项目填列、工程量计算公式、计算结果、套用单价、取费费率、数字计算结果、数据精确度等进行全面复核，及时发现差错并修改，以保证预算的准确性
8	编制说明，填写封面	封面应写明工程编号、工程名称、预算总造价和单方造价等，编制说明，将封面、编制说明、预算费用汇总表、材料汇总表、工程预算分析表，按顺序编排并装订成册，就完成了单位施工图预算的编制工作

实物工程量法。实物工程量法是把项目分成若干施工工序，按完成该项目所需的时间，配备劳动力和施工设备，根据分析计算的基础价格计算直接费单价，最后分摊间接费的工程造价计算方法。其计算公式为

单位工程人、材、机费 ＝ 综合工日消耗量 × 综合工日单价 ＋ ∑（各种材料消耗量×

相应材料单价）＋$\sum$（各种机械消耗量×相应机械台班单价）

建筑安装工程预算造价 ＝ 单位工程人、材、机费＋企业管理费＋利润＋规费＋税金

使用实物工程量法编制施工图预算的基本步骤见表5-21。

表5-21　　　　　　　　　实物工程量法编制施工图预算基本步骤一览表

序号	基本步骤	具　体　内　容
1	准备资料，熟悉施工图纸	除准备定额单价法的各种编制资料外，重点应全面收集工程造价管理机构发布的工程造价信息及各种市场价格信息，如人工、材料、机械台班当时当地的实际价格，应包括不同品种、不同规格的材料预算价格，不同工种、不同等级的人工工资单价，不同种类、不同型号的机械台班单价等
2	列项并计算工程量	同定额单价法
3	套用消耗量定额，计算人工、材料、机械台班消耗定量	根据预算人工定额所列各类人工日的数量，乘以各分项工程的工程量，计算出各分项工程所需各类人工日的数量，统计汇总后确定单位工程所需的各类人工日消耗量。同理，根据预算材料定额、预算机械台班定额分别确定出单位工程各类材料消耗数量和各类施工机械台班数量
4	计算并汇总人工费、材料费和施工机具使用费	根据当时当地工程造价管理部门定期发布的或企业根据市场价格确定的人工工资单价、材料预算价格、施工机械台班单价分别乘以人工、材料、机械台班消耗量，汇总即得到单位工程人工费、材料费和施工机具使用费
5	计算其他各项费用，汇总造价	同定额单价法
6	复核、填写封面、编制说明	检查人工、材料、机械台班的消耗量计算是否准确，有无漏算、重算或多算；套用的定额是否正确；检查采用的实际价格是否合理。其他内容可参考定额单价法

实物量工程法的优点是能较及时地将反映各种材料、人工、机械的当时当地市场单价计入预算价格，无须调价，反映当时当地的工程实际价格水平，工程造价的准确性更高一些。

b. 设备及工器具购置费计算。设备购置费由设备原价和设备运杂费构成；未到达固定资产标准的工器具购置费一般以设备购置费为计算基数，按照规定的费率计算。设备及工器具购置费计算方法及内容可参照设计概算编制的相关内容。

c. 单位工程施工图预算书编制。单位工程施工图预算由建筑安装工程费和设备及工器具购置费组成，将计算好的建筑安装工程费和设备及工器具购置费相加，就得到单位工程施工图预算。

2）单项工程综合预算的编制。单项工程综合预算造价由组成该单项工程的各个单位工程预算造价汇总而成。其计算公式为

单项工程施工图预算 ＝ $\sum$单位建筑工程费用＋$\sum$单位设备及安装工程费用

3）建设项目总预算的编制。建设项目总预算由组成该建设项目的各个单项工程综合预算，以及经计算的工程建设其他费、预备费和建设期利息和铺底流动资金汇总而成。三级预算编制中总预算由综合预算和工程建设其他费、预备费、建设期利息及铺底流动资金汇总而成，二级预算编制中总预算由单位工程施工图预算和工程建设其他费、预备费、建设期贷款

利息及铺底流动资金汇总而成。采用三级预算编制形式的工程预算文件包括：封面、签署页及目录、编制说明、总预算表、综合预算表、单位工程预算表、附件等内容。

5.3.2 施工图预算的审核

（1）施工图预算审核的内容（见表5-22）。

表5-22　　　　　　　　　　　　　　施工图预算审核内容一览表

序号	审核内容	具 体 内 容
1	审核工程量	审核工程量的计算是否正确，有无错算或漏算，审核定额项目与设计图纸内容的差异是否调整，审核计量单位与定额是否一致等
2	审核设备、材料的预算价格	（1）审核设备、材料的预算价格是否符合工程所在地的真实价格及价格水平； （2）设备、材料的原价确定方法是否正确； （3）设备、材料的运杂费率及其运杂费的计算是否正确，预算价格的各项费用的计算是否符合规定、正确，引进设备、材料的从属费用计算是否合理正确
3	审核预算单价的套用	（1）预算中所列各分部分项工程预算单价是否与现行预算定额的预算单价相符，其名称、规格、计量单位和所包括的工程内容是否与设计中分部分项工程要求一致； （2）审核换算的单价，首先要审核换算的分项工程是否是定额中允许换算的，其次要审核换算是否正确； （3）审核补充定额和单位估价表的编制是否符合编制原则，单位估价表计算是否正确
4	审核有关费用项目及其取值	（1）措施费的计算是否符合有关的规定标准，间接费和利润的计取基础是否符合现行规定，有无不能作为计费基础的费用列入计费的基础； （2）预算外调增的材料差价是否计取了间接费。直接工程费或人工费增减后，有关费用是否相应做了调整； （3）有无巧立名目，乱计费、乱摊费用现象

（2）施工图预算审核方法（见表5-23）。

表5-23　　　　　　　　　　　　　　施工图预算审核方法一览表

序号	审核方法	具 体 内 容
1	全面审核法	全面审核法又叫逐项审核法，是指按预算定额顺序或施工的先后顺序，全部逐一审核的方法。该方法具有全面、细致等特点，经审核的施工图预算差错较少，质量较高，但工作量较大
2	标准预算审核法	对采用标准图纸或通用图纸施工的工程，先集中力量，编制标准预算，以此为准进行施工图预算的审核方法。对局部不同部分做单独审核。该方法具有时间短、效果好等特点，但是只适应按标准图纸设计的工程，适用范围小，具有局限性
3	分组计算审核法	把预算中的项目按类别划分为若干组，审核或计算同一组中某个分项工程量，利用工程量之间具有相同或相似计算基础的关系，判断同组中其他几个分项工程量计算的准确程度，该方法具有审核速度快、工作量小等特点
4	对比审核法	用已建成工程的预算或虽未建成但已审核修正的工程预算对比审核拟建的类似工程施工图预算

序号	审核方法	具 体 内 容
5	筛选审核法	"筛选"是能较快发现问题的一种方法。建筑工程的面积和高度虽然不同,但其各分部分项工程的单位建筑面积指标变化却不大,把这些数据加以汇集、优选,归纳为工程量、造价、用工三个单方基本值表,并注明其适用的建筑标准。该方法具有简单易懂、便于掌握、审核速度、便于发现问题等特点,但问题出现的原因需继续审核
6	重点抽查法	重点审核法就是抓住施工图预算中的重点进行审核的方法。审核的重点一般是工程量大、单价高、工程结构复杂的工程、补充单位估价表、计取的各项费用等。该方法具有突出重点,审核时间短、效果佳等特点

（3）施工图预算审核步骤（见表 5 - 24）。

表 5 - 24　　　　　　　　　　　　　　施工图预算审核步骤一览表

序号	审核步骤	具 体 内 容
1	准备工作	（1）熟悉施工图样。施工图是编审预算分项数量的重要依据,必须全面熟悉了解,核对所有图样,清点无误后,依次识读; （2）了解预算包括的范围。根据预算编制说明,了解预算包括的工程内容; （3）弄清预算采用的单位估价表。任何单位估价表或预算定额都有一定的适用范围。 （4）应根据工程性质,收集熟悉相应的单价、定额资料
2	审核方法选择	工程规模、繁简程度不同,施工方法和施工企业的情况不一样,所编施工图预算的质量也不同,需选择适当的审核方法进行审核
3	预算调整	综合整理审核资料,并与编制单位交换意见,定案后编制调整后的预算。审核后,需要进行增加或核减的,经与编制单位协商,统一意见后,进行相应的修正

第6章 学会阶段造价控制与施工索赔

工程造价控制是指在批准的工程造价限额以内，对工程建设前期可行性研究、投资决策、到设计施工再到竣工交付使用前所需全部建设费用的确定、控制、监督和管理，随时纠正发生的偏差，保证项目投资目标的实现，以求在各个建设项目中能够合理地使用人力、物力、财力，以取得较好的投资效益，最终实现竣工决算控制在审定的概算额内。

工程造价索赔是指在工程承包合同履行过程中，当事人一方由于另一方未履行合同所规定的义务或者出现了应当由对方承担的风险而遭受损失时，向另一方提出赔偿要求的行为。

6.1 建设工程各阶段造价控制

在建设工程的各个阶段，工程造价分别使用投资估算、设计概算、施工图预算、中标价、承包合同价、工程结算、竣工结算进行确定与控制。建设项目是一个从抽象到实际的建设过程，工程造价也从投资估算阶段的投资预计，到竣工决算的实际投资，形成最终的建设工程的实际造价。

建设工程造价文件在工程建设程序不同阶段有不同的内容和形式，它们之间相互联系、相互印证，具有密不可分的关系，如图6-1所示。

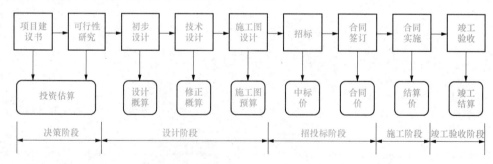

图6-1 造价工程各阶段文件

6.1.1 建设工程各阶段造价控制原则

具体来说，工程造价控制就是要用投资估算价控制设计方案的选择和初步设计概算造价，用概算造价控制技术设计和修正概算造价，用概算造价或修正概算造价控制施工图设计和预算造价，以求合理使用人力、物力和财力，取得较佳的投资效益。有效控制工程造价有以下三条原则。

（1）以设计阶段为重点的全过程造价管理。全过程造价控制工程造价控制贯穿于项目建设全过程，在项目投资决策完成后，控制工程造价的关键就在于设计阶段。据统计，设计费一般不足建设工程全寿命周期费用的 1%，但正是这少于 1% 的费用对工程造价的影响程度占到 75% 以上。

（2）主动控制与被动控制相结合。控制立足于事先主动地采取决策措施，以尽可能地减少以至避免目标值与实际值的偏离，这是主动的、积极的控制方法，称为主动控制。工程造价控制，不仅要反映投资决策、反映设计、发包和施工，更要能动地影响投资决策，影响设计、发包和施工，主动地控制工程造价。

（3）技术与经济相结合。要有效地控制工程造价，应从组织、技术、经济等多方面采取措施。从组织上采取的措施，包括明确项目组织结构，明确造价控制者及其任务，明确管理职能分工；从技术上采取措施，包括重视设计多方案选择，严格审查监督初步设计、技术设计、施工图设计、施工组织设计，深入技术领域研究节约投资的可能性；从经济上采取措施，包括动态地比较造价的计划值和实际值，严格审核各项费用支出，采取对节约投资的有力奖励措施等。

6.1.2 建设工程各阶段造价控制重点

建设工程各阶段造价控制重点见表 6-1。

表 6-1　　　　　　　　　　建设工程各阶段造价控制重点一览表

序号	工程阶段	控 制 重 点
1	项目决策	根据拟建项目的功能要求和使用要求，给出项目定义，包括项目投资定义，并按照项目规划的要求和内容以及项目分析和研究的不断深入，逐步地将投资估算的误差率控制在允许的范围之内
2	初步设计	运用设计标准与标准设计、价值工程和限额设计方法等以可行性研究报告中被批准的投资估算为工程造价目标书，控制和修改初步设计直至满足要求
3	施工图设计	以被批准的设计概算为控制目标，应用限额设计、价值工程等方法，以设计概算为控制目标，控制和修改施工图设计。通过对设计过程中所形成的工程造价层层限额设计，以实现工程项目设计阶段的工程造价控制目标
4	招标投标	以工程设计文件（包括概、预算）为依据，结合工程施工的具体情况，现场条件、市场价格、业主的特殊要求等，按照招标文件的规定，编制招标工程的标底价，明确合同计价方式，初步确定工程的合同价
5	工程施工	以施工图预算或标底价、工程合同价等为控制依据，通过工程计量、控制工程变更等方法，按照承包人实际完成的工程量，严格确定施工阶段实际发生的工程费用。以合同价为基础，考虑物价上涨、工程变更等因素，合理确定进度款和结算款，控制工程实际费用的支出
6	竣工验收	全面汇总工程建设中的全部实际费用，编制竣工决算，如实体现建设项目的工程造价，并总结经验，积累技术经济数据和资料，不断提高工程造价管理水平

6.2　工程变更与合同价款调整

6.2.1　工程变更

在工程项目实施过程中，按照合同约定的程序，监理人根据工程需要，下达指令对招标文件中的原设计或经监理人批准的施工方案进行的在材料、工艺、功能、功效、尺寸、技术指标、工程数量及施工方法等任一方面的改变，统称为工程变更。

（1）工程变更的产生原因。

1）业主原因：工程规模、使用功能、工艺流程、质量标准的变化，以及工期改变等合同内容的调整。

2）设计原因：设计错漏、设计调整，或因自然因素及其他因素而进行的设计改变等。

3）施工原因：因施工质量或安全需要变更施工方法、作业顺序和施工工艺等。

4）监理原因：监理工程师出于工程协调和对工程目标控制有利的考虑，而提出的施工工艺、施工顺序的变更。

5）合同原因：原订合同部分条款因客观条件变化，需要结合实际修正和补充。

6）环境原因：不可预见自然因素和工程外部环境变化导致工程变更。

（2）工程变更的表现形式。

1）更改工程有关部分的标高、基线、位置和尺寸；

2）增减合同中约定的工程量；

3）增减合同中约定的工程内容；

4）改变工程质量、性质或工程类型；

5）改变有关工程的施工顺序和时间安排；

6）为使工程竣工而必须实施的任何种类的附加工作。

（3）工程变更的分类。根据提出变更申请和变更要求的不同部门，工程变更可分为三类：筹建处变更、施工单位变更和监理单位变更。

1）筹建处变更（包含上级部门变更、筹建处变更、设计单位变更）。上级部门变更是指上级交通行政主管部门提出的政策性变更和由于国家政策变化引起的变更。

筹建处变更是指筹建处根据现场实际情况，为提高质量标准、加快进度、节约造价等因素综合考虑而提出的工程变更。

设计单位变更是指设计单位在工程实施中发现工程设计中存在的设计缺陷或需要进行优化设计而提出的工程变更。

2）施工单位变更。施工单位变更是指施工单位在施工过程中发现的设计与施工现场的地形、地貌、地质结构等情况不一致而提出来的工程变更。

3）监理单位变更。监理工程师根据现场实际情况提出的工程变更和工程项目变更、新增工程变更等。

（4）工程变更的流程。①建设单位需对原工程设计进行变更，变更超过原设计标准或批准的建设规模时，须经原规划管理部门和其他有关部门审查批准，并由原设计单位提供变更的相应图纸和说明。发包方办妥上述事项后，承包方根据发包方变更通知并按工程师要求进行变更。因变更导致合同价款的增减及造成的承包方损失，由发包方承担，延误的工期相应顺延。合同履行中发包方要求变更工程质量标准及发生其他实质性变更，由双方协商解决。②承包商（施工合同中的乙方）要求对原工程进行变更，其流程如图6-2所示。

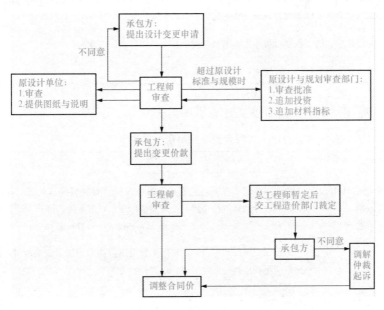

图6-2 工程变更流程

相应规定如下。

1）施工中乙方不得擅自对原工程设计进行变更。因乙方擅自变更设计发生的费用和由此导致甲方的直接损失，由乙方承担，延误的工期不予顺延。

2）乙方在施工中提出的合理化建议涉及设计图纸或施工组织设计的更改及对原材料、设备的换用，须经工程师同意。未经同意擅自更改或换用时，乙方承担由此发生的费用，并赔偿甲方的有关损失，延误的工期不予顺延。

3）工程师同意采用乙方的合理化建议，所发生的费用和获得的收益，甲乙双方另行约定分担或分享。

（5）工程变更价款的确定

工程变更价款的确定应在双方协商的时间内，由承包商提出变更价格，报工程师批准后方可调整合同价或顺延工期。造价工程师对承包方（乙方）所提出的变更价款，应按照有关规定进行审核、处理。有关规定见表6-2。

表6-2   工程变更价款确定相关规定

序号	具 体 内 容
1	乙方在工程变更确定后14天内，提出变更工程价款的报告，经工程师确认后调整合同价款
2	乙方在双方确定变更后14天内不向工程师提出变更工程报告时，可视该项变更不涉及合同价款的变更
3	工程师收到变更工程价款报告之日起14天内，应予以确认。工程师无正当理由不确认时，自变更价款报告送达之日起14天后变更工程价款报告自行生效

序号	具 体 内 容
4	工程师不同意乙方提出的变更价款，可以和解或者要求有关部门（如工程造价管理部门）调解。和解或调解不成的，双方可以采用仲裁或向法院起诉的方式解决
5	工程师确认增加的工程变更价款作为追加合同价款，与工程款同期支付
6	因乙方自身原因导致的工程变更，乙方无权追加合同价款

（6）工程变更注意事项。工程变更注意事项见表6-3。

表6-3 工程变更注意事项一览表

序号	注意事项	具 体 内 容
1	工程师的认可权应合理限制	在国际承包工程中，业主常常通过工程师对材料的认可权，提高材料的质量标准；对设计的认可权，提高设计质量标准；对施工的认可权，提高施工质量标准
2	工程变更不能超过合同规定的工程范围	工程变更不能超出合同规定的工程范围。如果超过了这个范围，则承包商有权不执行变更或坚持先商定价格，后进行变更
3	变更程序的对策	工程项目实施中，经常出现变更已成事实后，再进行价格谈判。当遇到这种情况时可采取以下对策。 （1）控制施工进度，等待变更谈判结果。这样不仅损失较小，而且谈判回旋余地较大。 （2）争取以计时工或按承包商的实际费用支出计算费用补偿。也可采用成本加酬金的方法计算，避免价格谈判中的争执。 （3）应有完整的变更实施的记录和照片，并由工程师签字
4	承包商不能擅自做主进行工程变更	对工程问题，承包商不能自做主张进行工程变更。施工中发现图纸错误或其他问题需进行变更，应首先通知工程师，经同意或通过变更程序后再进行变更
5	承包商在签订变更协议过程中须提出补偿问题	在商讨变更工程、签订变更协议过程中，承包商必须提出变更索赔问题。在变更执行前就应对补偿范围、补偿方法、索赔值的计算方法、补偿款的支付时间等问题双方达成一致的意见

6.2.2　合同价款调整

（1）工程变更的价款调整。变更合同价款的方法，合同专用条款中有约定的按约定计算，无约定的按以下方法进行计算。

1）合同中已有适用于变更工程的价格，按合同已有的价格计算变更合同价款。

2）合同中只有类似于变更工程的价格，可以参照类似价格变更合同价款。

3）合同中没有适用或类似于变更工程的价格，由承包商提出适当的变更价格经监理（业主）确认后执行。如果双方不能达成一致的，则可提请工程所在地工程造价管理机构进行咨询或按合同约定的争议或纠纷解决程序办理。

（2）综合单价的调整。当工程量清单中工程量有误或工程变更引起实际完成的工程量增减超过工程量清单中相应工程量的 10％或合同中约定的幅度时，工程量清单项目的综合单价应予以调整。

（3）材料价格的调整。由承包人采购的材料，材料价格以承包人在投标报价书中的价格进行控制。施工期内，当材料价格发生波动，合同有约定时超过合同约定的涨幅的，承包人采购材料前应报经发包人复核采购数量，确认用于本合同工程时，发包人应认价并签字同意，发包人在收到资料后在合同约定日期到期后，不予答复的可视为认可，作为调整该种材料价格的依据。如果承包人未报经发包人审核即自行采购，再报发包人调整材料价格，如果发包人不同意，则不做调整。

（4）措施费用的调整。施工期内，措施费用按承包人在投标报价书中的措施费用进行控制，有下列情况之一者，措施费用应予以调整。

1）发包人更改承包工程的施工组织设计（修正错误除外），造成措施费用增加的应予以调整。

2）单价合同中，实际完成的工作量超过发包人所提工程量清单的工作量，造成措施费用增加的应予以调整。

3）因发包人原因并经承包人同意顺延工期，造成措施费用增加的应予以调整。

4）施工期间因国家法律、行政法规及有关政策变化导致措施费中工程税金、规费等变化的，应予以调整。措施费用具体调整办法在合同中约定，合同中没有约定或约定不明的，由发包、承包双方协商，双方协商不能达成一致的，可以按工程造价管理部门发布的组价办法计算，也可按合同约定的争议解决办法处理。

6.3　建设工程造价索赔

6.3.1　索赔产生的原因

（1）发包人违约。包括发包人、监理人及承包人没有履行合同责任，没有正确地行使合同赋予的权力，工程管理失误等。常常表现为没有按照合同约定履行自己的义务。监理人未能按照合同约定完成工作，如未能及时发出图纸、指令等也视为发包人违约。

（2）合同缺陷。如合同条文不全、错误、矛盾、有二义性，设计图纸、技术规范错误等，表现为合同文件规定不严谨甚至矛盾、合同中的遗漏或错误。在这种情况下，工程师应当给予解释，如果这种解释将导致成本增加或工期延长，发包人应当给予补偿。

（3）合同变更。工程项目本身和工程环境有许多不确定性，技术环境、经济环境、政治环境、法律环境等的变化都会导致工程的计划实施过程与实际情况不一样，这些因素都会导致施工工期和费用变化，承包商可依据相关合同条款进行索赔。

（4）不可抗力因素。不可抗力可以分为自然事件和社会事件。不利的物质条件通常是指承包人在施工现场遇到的不可预见的自然物质条件、非自然的物质障碍和污染物，包括自然事件及社会事件，如恶劣的气候条件、地震、洪水、战争状态、罢工等。

（5）其他第三方原因。表现为与工程有关的第三方的问题而引起的对工程的不利影响，其他原因引起的索赔。业主指定的分包商出现工程质量不合格、工程进度延误等违约情况；合同范围内未明确说明，但对施工造成费用和工期增加；施工过程设计有误对设计修改而引起的变更等。

6.3.2 索赔的分类

（1）按索赔的要求分类。索赔按要求分类可分为工期索赔与费用索赔。

1）工期索赔。因工程量、设计改变、新增工程项目、发包方迟发指示，不利的自然灾害。发包方不应有的干扰等原因。承包方要求延长期限，拖后竣工日期。

2）费用索赔。由于施工客观条件改变而增加了承包方的开支或承包方亏损，向发包方要求补偿这些额外开支，弥补承包方的经济损失。

（2）按索赔的当事方分类。

1）承包方同发包方之间的索赔。这类索赔大都是有关工程量计算、变更、工期、质量和价格方面的争议，也有关于其他违约行为、中断或终止合同的损害赔偿等。

2）总包方同分包方之间的索赔。其内容与前一种大致相似，但大多数是分包方向总包方索要付款和赔偿，及总包方向分包方罚款或扣留支付款等。

3）承包方同供应商之间的索赔。其内容多系商贸方面的争议，如货品质量不符合技术要求、数量短缺、交货拖延、运输损坏等。

4）承包方向保险公司索赔。承包方受到灾害、事故或其他损害或损失，按保险单向其投保的保险公司索赔。

（3）按索赔的依据分类。

1）合同内的索赔。索赔涉及的内容可以在合同中找到依据，或者在合同条文中明文规定的索赔项目。

2）合同外的索赔。索赔的内容和权利虽然难于在合同条款中找到依据，但可从合同含义和成文法中找到索赔的根据。这种合同外的索赔表现为属于违约造成的损害或可能是违反担保造成的损害，有的可以在民事侵权行为中找到依据。

3）额外支付（又称道义索赔）。承包方找不到合同依据和法律依据。但认为自己有要求索赔的道义基础，而对其损失寻求某些优惠性质的付款。发包方基于某种利益的考虑而慷慨给予补偿。

（4）按索赔的处理方式分类。

1）单项索赔。单项索赔是施工索赔通常采用的方式，就是采取一件事情一次索赔的方式，即在每一件索赔事项发生后，报送索赔通知书，编报索赔报告书，要求单项解决支付，不与其他的索赔事项混在一起。

2）综合索赔。综合索赔又称总索赔，俗称一揽子索赔。即对整个工程（或某项工程）中所发生的数起索赔事项，综合在一起进行索赔。采取综合索赔时，承包商须提前征得工程师的同意，并提出以下证明：①承包商的投标报价是合理的；②实际发生的总成本是合理的；③承包商对成本增加没有任何责任；④不可能采用其他方法准确地计算出实际发生的损失数额。

6.3.3 索赔程序与规定

（1）索赔的基本程序。索赔的基本程序见图6-3。

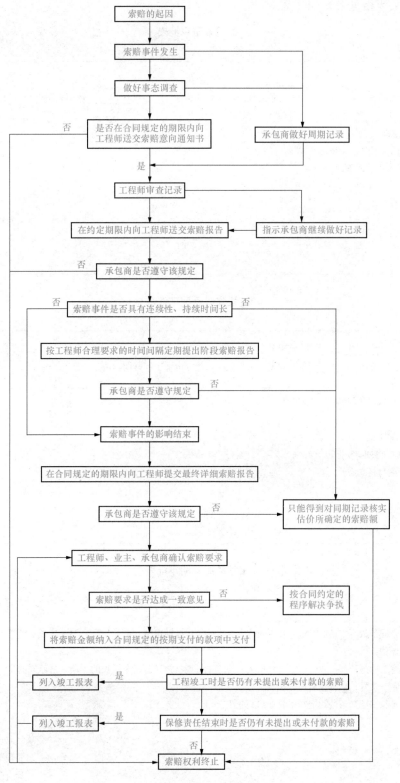

图 6-3　索赔基本程序

索赔相关表格见表6-4～表6-6。

表6-4　　　　　　　　　　　　　　**费用索赔审批表**

工程名称：　　　　　　　　　　　　　　　　　　　　　　　　　　编号：

致：＿＿＿＿＿＿＿＿＿＿＿＿＿＿＿＿＿＿＿（承包单位）

　　根据施工合同条款　　　　　　条的规定，你方提出的＿＿＿＿＿＿＿费用索赔申请（第＿＿号），索赔

（大写）＿＿＿＿＿＿，经我方审核评估：

　　□　不同意此项索赔。

　　□　同意此项索赔，金额为（大写）

　　同意/不同意索赔的理由：

　　索赔金额的计算：

　　　　　　　　　　　　　　　　　　　　　　　　　　　　　　　　　项目监理机构

　　　　　　　　　　　　　　　　　　　　　　　　　　　　　　　　　总监理工程师

　　　　　　　　　　　　　　　　　　　　　　　　　　　　　　　　　日　　期

表6-5　　　　　　　　　　　　　　**工程临时延期申请表**

工程名称：　　　　　　　　　　　　　　　　　　　　　　　　　　编号：

致：＿＿＿＿＿＿＿＿＿＿＿＿＿＿监理公司

　　根据施工合同条款＿＿＿＿＿条的规定，由于原因，我方申请工程延期，请予以批准。

　　附件：

　　　　1. 工程延期的依据及工期计算

　　合同竣工日期：

　　申请延长竣工日期：

　　　　2. 证明材料

　　　　　　　　　　　　　　　　　　　　　　　　　　　　　　　　　承包单位（章）

　　　　　　　　　　　　　　　　　　　　　　　　　　　　　　　　　项目经理

　　　　　　　　　　　　　　　　　　　　　　　　　　　　　　　　　日　　期

表6-6　　　　　　　　　　　　　　**工程最终延期审批表**

工程名称：　　　　　　　　　　　　　　　　　　　　　　　　　　编号：

致：＿＿＿＿＿＿＿＿＿＿＿＿＿＿＿＿＿＿＿（承包单位）

　　根据施工合同条款＿＿＿条的规定，我方对你方提出的工程延期申请（第　　号）要求延长工期＿＿＿＿＿日历天的要

求，经过审核评估：

　　□最终同意工期延长＿＿＿＿＿＿＿＿日历天。使竣工日期（包括已指令延长的工期）从原来的＿＿＿年＿＿＿月＿＿＿

日延迟到＿＿＿年＿＿＿月＿＿＿日。请你方执行。

　　□不同意延长工期，请按约定竣工日期组织施工。

说明：

　　　　　　　　　　　　　　　　　　　　　　　　　　　　　　　　　项目监理机构

　　　　　　　　　　　　　　　　　　　　　　　　　　　　　　　　　总监理工程师

　　　　　　　　　　　　　　　　　　　　　　　　　　　　　　　　　日　　期

（2）索赔时限的规定。索赔时限的规定见表 6-7。

表 6-7　　　　　　　　　　　　　索赔时限规定一览表

序号	具 体 内 容
1	索赔事件发生后 28 天内，向业主方发出索赔意向通知
2	发出索赔意向通知后 28 天内，向业主方提出补偿经济损失和（或）延长工期的索赔报告及有关资料
3	业主方在收到承包商送交的索赔报告和有关资料后，于 28 天内给予答复，或要求承包商进一步补充索赔理由和证据
4	业主方在收到承包商送交的索赔报告和有关资料后 28 天内未予答复或未对承包商做进一步要求，视为该项索赔已经认可
5	当该索赔事件持续进行时，承包商应当阶段性地向业主方发出索赔意向，在索赔事件终了后 28 天内，向业主方送交索赔的有关资料和最终索赔报告。索赔答复程序与 3、4 规定相同

（3）索赔的证据。索赔事件确立的前提条件是必须有正当的索赔理由，正当索赔理由的说明须有有效证据。

1）对索赔证据的要求。

a. 真实性。索赔证据必须是在实施合同过程中确定存在和发生的，必须完全反映实际情况。

b. 全面性。所提供的证据应能说明事件的全过程，不能零乱和支离破碎。

c. 关联性。索赔的证据应当能够互相说明，相互具有关联性，不能互相矛盾。

d. 及时性。索赔证据的取得及提出应当及时。

e. 具有法律效力。一般要求证据必须是书面文件，有关记录、协议、纪要须是双方签述的，工程中的重大事件、特殊情况的记录、统计必须由监理工程师签证认可。

2）索赔证据的种类。索赔证据的种类见表 6-8。

表 6-8　　　　　　　　　　　　　索 赔 证 据 一 览 表

序号	具 体 内 容
1	招标文件、工程合同及附件、业主认可的施工组织设计、工程图纸、技术规范等
2	工程各项有关的设计交底记录、变更图纸、变更施工指令等
3	工程各项经业主或工程师签认的签证
4	工程各项往来信件、指令、信函、通知、答复等
5	工程各项会议纪要
6	施工计划及现场实施情况记录
7	施工日报及工长工作日志、备忘录
8	工程送电、送水、道路开通、封闭的日期及数量记录
9	工程停电、停水和干扰事件影响的日期及恢复施工的日期
10	工程预付款、进度款拨付的数额及工期记录
11	工程图纸、图纸变更、交底记录的送达份数及日期记录
12	工程有关施工部位的照片及录像等
13	工程现场气候记录，有关天气的温度、风力、雨雪等
14	工程验收报告及各项技术鉴定报告等
15	国家和省、市有关影响工程造价、工期的文件、规定等

（4）索赔文件。索赔文件是承包商向业主索赔的正式书面材料，也是业主审议承包商索赔请求的主要依据，包括索赔信、索赔报告、附件三个部分。

1）索赔信。索赔信是一封承包商致业主或其代表的简短的信函，应包括：①说明索赔事件；②列举索赔理由；③提出索赔金额与工期；④索赔附件说明。

2）索赔报告。索赔报告是索赔文件的正文，包括三个主要部分：①报告的标题，应言简意赅地概括出索赔的核心内容；②事实与理由，该部分陈述客观事实，合理引用合同规定，建立事实与索赔损失间的因果关系，说明索赔的合理合法性；③损失计算与要求赔偿金额及工期，这部分应列举各项明细数字及汇总数据。

编制索赔报告时应注意以下几个方面。

a. 对索赔事件要叙述清楚明确，避免采用"可能""也许"等估计猜测性语言，造成索赔说服力不强。

b. 报告中要强调事件的不可预见性和突发性，并且承包商为避免和减轻该事件的影响和损失已尽了最大的努力，采取了能够采取的措施，从而使索赔理由更加充分，更易于对方接受。

c. 责任要分析清楚，报告中要明确对方的全部责任。

d. 计算索赔值要合理、准确。要将计算的依据、方法、结果详细说明列出，这样易于对方接受，减少争议和纠纷。

3）附件。

a. 索赔报告中所列举事实、理由、影响等证明文件和证据。

b. 详细计算书，也可以用大量图表。

6.3.4 索赔的主要内容

索赔的主要内容见表6-9。

表6-9 索 赔 内 容 一 览 表

序号	索赔事项	处 理 办 法
1	业主未按合同约定完成应该做的工作	当业主能按合同专用条款约定的内容和时间完成应该做的工作，导致工期延误或给承包商造成损失的，承包商可以进行工期索赔或损失费用索赔
2	业主指令错误	因业主指令错误发生的追加合同价款和给承包商造成的损失、延误的工期，承包商可以根据合同通用条款的约定进行费用、损失费用和工期索赔
3	业主未及时向承包商发出指令	因业主未能按合同约定，及时向承包商提供所需指令、批准并履行约定的其他义务时，承包商可根据合同通用条款约定进行费用、损失费用和工期索赔
4	业主未能按合同约定时间提供图纸	业主未能按合同专用条款约定提供图纸，承包商可以根据合同通用条款的约定进行工期索赔。发生费用损失的，还可以进行费用索赔
5	延期开工	①承包商可以根据合同通用条款的约定向业主提出延期开工的申请，申请被批准则承包商可以进行工期索赔；②业主根据合同通用条款的约定要求延期开工，承包商可以进行因延期开工造成的损失和工期索赔
6	地质条件发生变化	当开挖过程中遇到文物和地下障碍物时，承包商可以根据合同通用条款的约定进行费用、损失费用和工期索赔。当业主没有完全履行告知义务，开挖过程中遇到地质条件显著异常与招标文件描述不同时，承包商可以根据合同通用条款的约定进行费用、损失费用和工期索赔

续表

序号	索赔事项	处 理 办 法
7	暂停施工	因业主原因造成暂停施工时，承包商可以根据合同通用条款的约定进行费用、损失费用和工期索赔
8	停水停电影响	非承包商原因，一周内停水、停电、停气造成停工累计超过 8 小时，承包商可根据合同通用条款的约定要求进行工期索赔。能否进行费用索赔视具体的合同约定而定
9	不可抗力	发生合同通用条款及专用条款约定的不可抗力，承包商可以根据合同通用条款的约定进行费用、损失费用和工期索赔
10	检查检验	业主对工程质量的检查检验不应该影响施工正常进行。如果影响施工正常进行，承包商可以根据合同通用条款的约定进行费用、损失费用和工期索赔
11	重新检验	当重新检验时检验合格，承包商可以根据合同通用条款的约定进行费用、损失费用和工期索赔
12	工程变更和工程量增加	工程变更引起的工程费用增加，造成实际的工期延误和因工程量增加造成的工期延长，承包商可以根据合同通用条款的约定要求进行费用和工期索赔
13	工程预付款和进度款支付	工程预付款和进度款没有按照合同约定的时间支付，属于业主违约。承包商可以按照合同通用条款及专用条款的约定处理，并按专用条款的约定承担违约责任
14	业主供应的材料设备	业主供应的材料设备，承包商按照合同通用条款及专用条款的约定处理

6.3.5　工期索赔的计算

工期索赔，一般是指承包人依据合同对由于非因自身原因导致的工期延误向发包人提出的工期顺延要求。工期索赔的计算方法如下。

（1）直接法。如果某干扰事件直接发生在关键线路上，造成总工期的延误，可以直接将该干扰事件的实际干扰时间（延误时间）作为工期索赔值。

（2）比例计算法。如果某干扰事件仅仅影响某单项工程、单位工程或分部分项工程的工期，要分析其对总工期的影响，可以采用比例计算法。

①已知受干扰部分工程的延期时间。

$$工期索赔值＝受干扰部分工期拖延时间×\frac{受干扰部分工程的合同价格}{原合同总价}$$

②已知额外增加工程量的价格。

$$工期索赔值＝原合同总工期×\frac{额外增加的工程量的价格}{原合同总价}$$

比例计算法虽然简单方便，但有时不符合实际情况，而且比例计算法不适用于变更施工顺序、加速施工、删减工程量等事件的索赔。

（3）网络图分析法。网络图分析法是利用进度计划的网络图，分析其关键线路。如果延误的工作为关键工作，则延误的时间为索赔的工期；如果延误的工作为非关键工作，当该工作由于延误超过时差而成为关键工作时，可以索赔延误时间与时差的差值；若该工作延误后仍为非关键工作，则不存在工期索赔问题。该方法通过分析干扰事件发生前和发生后网络计划的计算工期之差来计算工期索赔值，可以用于各种干扰事件和多种干扰事件共同作用所引起的工期索赔。

6.3.6 费用索赔的计算

（1）索赔费用的组成。索赔费用的组成部分与工程造价的构成基本类似，包括人工费、材料费、施工机械使用费、分包费、现场管理费、利息、利润、保险费等。

1）人工费。人工费的索赔包括：由于完成合同之外的额外工作所花费的人工费用；超过法定工作时间加班劳动；法定人工费增长；非因承包商原因导致工效降低所增加的人工费用；非因承包商原因导致工程停工的人员窝工费和工资上涨费等。在计算停工损失中人工费时，通常采取人工单价乘以折算系数计算。

2）材料费。材料费的索赔包括：由于索赔事件的发生造成材料实际用量超过计划用量而增加的材料费；由于发包人原因导致工程延期期间的材料价格上涨和超期储存费用。材料费中应包括运输费、仓储费及合理的损耗费用。如果由于承包商管理不善，造成材料损坏失效，则不能列入索赔款项内。

3）施工机械使用费。施工机械使用费的索赔包括：由于完成合同之外的额外工作所增加的机械使用费；非因承包人原因导致工效降低所增加的机械使用费；由于发包人或工程师指令错误或迟延导致机械停工的台班停滞费。在计算机械设备台班停滞费时，不能按机械设备台班费计算，因为台班费中包括设备使用费。如果机械设备是承包人自有设备，一般按台班折旧费计算；如果是承包人租赁的设备，一般按台班租金加上每台班分摊的施工机械进出场费计算。

4）现场管理费。现场管理费的索赔包括承包人完成合同之外的额外工作，以及由于发包人原因导致工期延期期间的现场管理费，包括管理人员工资、办公费、通信费、交通费等。

5）企业管理费。企业管理费的索赔主要指的是由于发包人原因导致工程延期期间所增加的承包人向公司总部提交的管理费，包括总部职工工资、办公大楼折旧、办公用品、财务管理、通信设施及总部领导人员赴工地检查指导工作等开支。

6）保险费。因发包人原因导致工程延期时，承包人必须办理工程保险、施工人员意外伤害保险等各项保险的延期手续，对于由此而增加的费用，承包人可以提出索赔。

7）保函手续费。因发包人原因导致工程延期时，承包人必须办理相关履约保函的延期手续，对于由此而增加的手续费，承包人可以提出索赔。

8）利息。利息的索赔包括：发包人拖延支付工程款利息；发包人迟延退还工程质量保证金的利息；承包人垫资施工的垫资利息；发包人错误扣款的利息等。至于具体的利率标准，双方可以在合同中明确约定，没有约定或约定不明的，可以按照中国人民银行发布的同期同类贷款利率计算。

9）利润。一般来说，由于工程范围的变更、发包人提供的文件有缺陷或错误、发包人未能提供施工场地及因发包人违约导致的合同终止等事件引起的索赔，承包人都可以列入利润。

10）分包费。由于发包人的原因导致分包工程费用增加时，分包人只能向总承包人提出索赔，但分包人的索赔款项应当列入总承包人对发包人的索赔款项中。分包费用索赔指的是分包人的索赔费用，一般也包括与上述费用类似的内容索赔。

（2）费用索赔的计算方法。

1）实际费用法。实际费用法又叫分项法，即根据索赔事件所造成的损失或成本增加，按费用项目逐项进行分析、计算索赔金额的方法。这种方法比较复杂，但能客观地反映施工单位的实际损失，比较合理，易于被当事人接受，在国际工程中被广泛采用。由于索赔费用组成部分较多，不同原因引起的索赔，承包人可索赔的费用内容也有所不同，必须有针对性地分析。

2）总费用法。总费用法又称总成本法，就是当发生多次索赔事件后，重新计算工程的实际总费用，再从该实际总费用中减去投标报价时的估算总费用，即为索赔金额。其计算公式为

$$索赔金额 = 实际总费用 - 投标报价估算总费用$$

3）修正的总费用法。修正的总费用法是对总费用法的改进，即在总费用计算的原则上，去掉一些不合理的因素，使其更为合理。修正内容如下。

a. 只计算受到索赔事件影响时段内的某项工作所受影响的损失，而不是计算该时段内所有施工工作所受的损失。

b. 将计算索赔款的时段局限于受到索赔事件影响的时间，而不是整个施工期。

c. 对投标报价费用重新进行核算，即按受影响时段内该项工作的实际单价进行核算，乘以实际完成的该项工作的工程量，得出调整后的报价费用。

d. 与该项工作无关的费用不列入总费用中。

按修正后的总费用重新计算，即按受影响时段内该项工作的实际单价进行核算以实际完成的该项工作的工程量，得出调整后的报价费用。按修正后的总费用计算索赔金额的公式为

$$索赔金额 = 某项工作调整后的实际总费用 - 该项工作的报价费用$$

第7章　了解"营改增"对工程造价的影响

7.1　建筑业"营改增"概述

7.1.1　营业税与增值税的特点

（1）营业税的特点。营业税是政府对工商盈利事业按营业额征收的税，属于流转税的一种。营业税一般以营业收入额全额为计税依据，实行比例税率。营业额为纳税人提供应税劳务、转让无形资产或者销售不动产向对方收取的全部价款和价外收费。价外费用包括向对方收取的手续费、基金、集资费、代收款项、代垫款项及其他各种性质的价外收费。其主要特点如下。

1）征税范围广。营业税的征税范围包括在我国境内提供应税劳务、转让无形资产和销售不动产的经营行为，涉及国民经济中整个的第三产业，营业税的征税范围具有广泛性和普遍性。第三产业直接关系着城乡人民群众的日常生活，随着第三产业的不断发展，营业税的税源也在逐步增加。

2）计征简便。营业税的计税依据为各种应税劳务的营业额、转让无形资产的转让额、销售不动产的销售额（通常将三者统称为营业额），税收收入不受成本、费用高低影响，收入比较稳定。营业税实行比例税率，计征方法简便。

3）不能体现税收的公平。因为各个行业的收益率千差万别，营业税主要按不同行业设置了税率，体现出行业间的税收差距，但同一行业内新增的分支与原传统行业的收益率相差甚远，适用相同的税率，很难体现公平，也难以起到税收的调节作用。

（2）增值税的特点。增值税是以商品（含应税劳务）在流转过程中产生的增值额作为计税依据而征收的一种流转税。从计税原理上说，增值税是对商品生产、流通、劳务服务中各个环节的新增价值或商品的附加值征收的一种流转税。其主要特点如下。

1）差额征税，避免重复缴税。增值税只就商品销售额中的增值部分征税，避免了征收的重叠性。但在各国实际运用中，由于各国规定的扣除范围不同，增值税仍然带有一定的重复缴税因素。随着扣除范围的扩大，征税的重叠性就会越来越小，甚至完全消除。

2）设计面广，体现连续征收。增值税具有征收的广泛性和连续性。凡是纳入增值税征收范围的，只要经营收入产生增值就要征税，使得增值税具有征收的广泛性。一件商品从原材料到产成品直至实现消费，经历了从生产领域到流通领域、再到消费领域的过程，而该商品的增值额也是在这连续过程中逐步产生的。增值税能对这连续的过程实行道道征税，并且每一环节的增值环环相扣、紧密联系。

3）征缴一致，维护税收公平。增值税的税率能反映出一件商品的总体税负。就一件商品而言，它的增值税总税负是由各个经营环节的税收负担积累相加而成的。增值税的征收不因生产或销售环节的变化而影响税收负担，同一商品只要最后销售的价格相同，不受生产经营环节多少的影响，税收负担始终保持一致。因此，增值税具有同一商品税负的一致性，从而维护了税收的公平性。

7.1.2 建筑业"营改增"的意义

营业税对商品流转额全额征税，增值税只要求纳税人为产品和服务的增值部分纳税，对流转额中属于转移过来的、以前环节已征过税的那部分则不再征税，从而有效地排除了营业税中重叠征税因素。其主要意义如下。

（1）彻底解决对建筑业企业重复征税的问题。由于营业税对商品流转额全额征税，商品每经过一个销售环节，就会被征收一次税，从生产到消费的环节越多，商品的税负就越重。重复征税成为我国营业税时期存在的最大问题之一。在营业税体制下，解决重复征税的做法主要是差额纳税。比如《中华人民共和国营业税暂行条例》第五条规定："纳税人将建筑工程分包给其他单位的，以其取得的全部价款和价外费用扣除其支付给其他单位的分包款后的余额为营业额。"而在实际业务中，受抵扣条件的制约，尤其是总分包发票的管理要求，使得总分包差额纳税难以实现，实质上造成建筑业企业重复纳税。又比如《中华人民共和国营业税暂行条例实施细则》第十六条规定："除本细则第七条规定外，纳税人提供建筑业劳务（不含装饰劳务）的，其营业额应当包括工程所用原材料、设备及其他物资和动力价款在内，但不包括建设方提供设备的价款。"在营业税和增值税并存的时期，这条规定导致建筑安装工程中的"设备"在增值税或营业税的计算中有不同的方法，这不仅导致税负计算不一致，也可能破坏原有的增值税计税价值链条，导致了重复缴税。建筑业"营改增"后，课税对象从营业额变为增值额，无论是销售货物还是提供建筑安装劳务，只要有增值额就征税、没增值额就不征税；设备物资不管由谁采购，只要满足条件就可抵扣。因此，在建筑业实施"营改增"，可以彻底解决建筑业企业重复纳税的问题。

（2）促进建筑业企业的技术改造和设备更新。我国以前实施的是消费型增值税政策，即企业购置的固定资产进项税额允许一次性从销项税额中抵减。"营改增"后，这一政策不仅降低了企业的增值税税负，而且直接降低了设备和车辆等固定资产的成本，这将有利于提升企业利润空间，促进企业设备更新换代。与此同时，无形资产、研发费用的进项税额将来也可以从销项税额中抵扣，这也必将促进施工企业加大研发的投入，促进施工技术的更新改造。

（3）促进建筑业企业的基础管理。增值税实行凭发票抵扣制度，通过发票把买卖双方连成一个整体，并形成一个完整的抵扣链条。在这一链条中，无论哪一个环节少缴税款，都会导致下一环节多缴税款。因此，增值税的实施将使建筑业的所有参与主体都形成一种利益制约关系，这种相互制约、交叉管理有利于整个行业的规范和健康发展。同时，"营改增"后，因建筑企业取得的增值税发票需通过网络认证系统确认，这必将促进建筑产业链上发票的进一步规范化，可以有效规避虚假发票。另外，建筑业实行"营改增"后，支付总、分包单位的工程结算款的进项税额抵扣将成为税务部门监管的重点内容之一，比如税务部门必然要求相关施工企业向其报送总、分包单位的相关详细资料以备案审核。这些必将对规范建筑业企业的经营行为产生深远影响，有利于进一步规范建筑市场的正常秩序。总之，增值税作为符合市场经济发展要求的税种，有利于社会分工的细化；有利于转变经济发展方式；有利于产业结构的升级和优化；有利于促进生产要素的国际自由流动，有利于提高国内产品和劳务的国际竞争力。因此，实现"营改增"既是我国完善社会主义市场机制、加快经济发展方式转变、促进经济结构优化升级的内在要求，也是顺应经济全球化发展、提升我国税制国际竞争力的必然选择。

7.1.3 建筑业"营改增"的影响

"营改增"给企业带来的影响是全方位的。建筑业"营改增"不仅直接影响企业的营业收入、成本、税费、利润、现金流等重要财务指标，还将对企业经营模式、组织架构、成本管控、财税管理、信息化建设、人力资源管理等各方面产生重大影响。

（1）对企业经营模式的影响。根据当前建筑市场环境和资质要求，"以企业集团资质中标，子公司负责施工"的项目占有较大的比重。这种"资质共享"的经营模式造成了合同主体、核算主体、发票主体不统一，直接影响增值税进项税额的正常抵扣，甚至有可能所有进项税额都无法抵扣。同时，在全额转包或提点大包的情况下，发包人因无法取得可抵扣的进项税额发票，导致税负增加，甚至超过收取的管理费或利润，从而使利润大额缩水，甚至出现亏损。因此，建筑业企业应对现有的资质进行认真梳理，结合"营改增"后对企业资质管理的要求，修改完善企业资质管理的办法。集团性公司应该扶持培育子公司的承揽能力，加大下属公司自揽力度，尽可能减少集团内资质共享，同时限制将自己的资质共享给其他单位，严禁企业向无资质（个人）系统外部挂靠单位出借资质；严禁将工程项目提点大包或非法转包。

（2）对企业组织架构的影响。与营业税相比，增值税具有"征管严格、以票控税、链条抵扣"的特点，每个增值环节均需严格按照销项税额与进项税额相抵的办法计征增值税。一般情况下，管理链条越长，流转环节越多，潜在的税务风险就越大。同时，随着企业规模扩大，兼营业务也相应增加，如果管理不到位，还会存在从高适用税率的风险。另外，在增值税征管环境下，多层分包及新增交易环节都需要建立相应的合同关系，以便每个环节都能开具增值税专用发票，确保增值税抵扣链条完善，实现进项税额的层层抵扣。因此，结合企业的发展战略及"营改增"后对企业资质管理要求、工程项目组织模式及其业务流程管理需要，建筑业企业应优化和调整内部组织架构。比如通过撤销规模较小或没有实际经营业务的分支机构、合并资质较低或没有资质的子公司、取消不必要的中间管理层级、合并管理职能相关或业务雷同的下属公司等措施，压缩企业管理层级、缩短管理链条，推进组织结构扁平化改革。

增值税制鼓励企业设立专业化公司，进行专业化生产。在增值税环境下，设立专业化公司不仅不会增加企业税负，还可以提高经营效率、降低管理成本、规范取得进项发票、防范税务风险等诸多好处。比如成立预制构件厂、混凝土公司、爆破公司等，分离不同税率、不同性质的业务，以降低企业管理难度，避免从高适用税率纳税的风险；又比如成立物资公司，企业实行以物资公司为主体的集中采购，这样既可以确保货源的安全和质量，也可以保证获得较高的进项税额和较低的采购成本。

（3）对工程计价规则的影响。工程造价一般由直接成本、间接费用、利润和税金构成。工程造价的编制方法一般采取工程量清单计价法，即造价部门根据相应工程的定额体系、计价程序及计价规范编制工程概预算。在营业税税制下，工程造价中的直接成本和间接费用均为包含增值税的成本费用，工程造价中的税金则是指国家税法规定的应计入建筑安装工程费用的营业税、城市维护建设税及教育费附加，税金采用综合税率进行计算取费。而增值税属于价外税，"营改增"后投标报价将以增值税销项税额与工程造价分别列示，这就完全改变了原来建筑产品的造价构成。

在增值税税制下,工程造价可按以下公式计算:工程造价＝税前工程造价×（1＋11％）。其中,11％为建筑业增值税税率,税前工程造价为人工费、材料费、施工机具使用费、企业管理费、利润和规费之和,各费用项目均以不包含增值税可抵扣进项税额的价格计算,相应计价依据按上述方法调整。新计价规则采用了增值税"价税分离"原则,对原营业税下的计价规则进行了相应的调整,将营业税下建筑安装工程造价各项费用包含可抵扣增值税进项税额的计价规则,调整为税前造价各项费用不包含可抵扣增值税进项税额。因此,建设单位的招标概预算编制也将出现重大变化,相应的施工图预算编制和设计概算也将按新标准执行,对外发布的招标书内容也会有相应的调整。另外,由于要执行新的定额标准,企业的内部定额将需要重新进行编制,企业施工预算也需要重新进行修订。

（4）对纳税资金的影响。建筑业"营改增"后,建筑业企业应按照增值税的纳税义务发生时间计算确认销项税额,同时按照已取得并认证通过的增值税专用发票抵扣相关进项税额,计算并缴纳增值税。根据现行"营改增"政策对纳税义务发生时间的规定,建筑业企业增值税纳税义务时间实质上是按照提供建筑劳务过程中实际收取款项的日期、合同约定的付款日期及开具发票的日期三者孰先的原则来确定的。其中,合同约定的付款日期一般体现为合同约定的业主确认验工计价结果的时间,如月度或季度终了一定时间内。在实际工作中,由于建筑市场的不规范,业主普遍处于强势地位,对施工单位的验工计价会随着其资金状况、预算完成情况、管控目的等因素而不同,普遍存在滞验、超验、欠验的情况。同时,建筑业企业由于进项税额不能及时取得并抵扣,导致结算环节税金提前缴纳,给企业带来较大的资金压力和税务风险。"营改增"后,建筑业企业一定要注意采取措施规避工程结算环节可能产生的税务风险和资金压力。比如在工程承包合同中,应增加工程款延迟支付的制约性条款,明确业主滞后支付工程款的违约责任,同时采取适当的措施加大对业主的收款力度。另外,还要加强对分包商、供应商的结算管理,尽快取得增值税专用发票,确保进项税额的及时足额抵扣。

（5）对施工成本预算的影响。成本预算是施工企业成本控制的基础,是编制科学、合理的成本控制目标的基础。施工成本预算编制工作一般由企业成本管理部门及项目部共同配合完成。预算编制人员通过深入施工现场,在对施工方案、劳务价格、材料价格、设备租赁价格等进行实际调研,收集现场基础资料,编制施工成本预算。建筑业"营改增"后,企业发生的成本费用所包含流转税金由价内税变为价外税,导致成本费用计量口径发生改变。企业最终计入成本费用的金额将受到进项税额能否抵扣的影响,成本预算构成中的税金预算以及各类成本计算口径也因此发生变化。"营改增"后,建筑施工企业应按照"价税分离"的原则编制施工项目的成本费用预算,对人工费、材料费、机械使用费、其他直接费用、间接费用等成本费用项目。根据其进项税额能否抵扣,合理确定计入成本预算的金额。

（6）对合同及发票管理的影响。增值税制对相关业务合同流、资金流和发票流都有更严格的要求。如何选择合格的供应商、如何在合同中对增值税相关事项做出合理合法的约定,等等,这些问题都直接影响到企业的增值税业务是否合法,相应的增值税进项税额能不能及时得到抵扣。为了实现"营改增"的顺利过渡,企业应该根据增值税制度的管理要求,进一步修订和完善企业合同审批环节和内容,规范相关合同主体,完善合同范本的重要条款。同时，由于增值税实行凭专用发票抵扣税款的制度，增值税发票管理也越来越重要。而由于市场环境的复杂性，实际工作中增值税发票犯罪屡有发生。随着发票管理风险的加大，企业未来应加强对增值税发票的管理。

7.2　建筑施工企业增值税的基本规定

7.2.1　征税范围

建筑服务是指各类建筑物、构筑物及其附属设施的建造、修缮、装饰，线路、管道、设备、设施等的安装及其他工程作业的业务活动，包括工程服务、安装服务、修缮服务、装饰服务和其他建筑服务。

（1）工程服务。工程服务是指新建、改建各种建筑物、构筑物的工程作业，包括与建筑物相连的各种设备或者支柱、操作平台的安装或者装设工程作业，以及各种窑炉和金属结构工程作业。工程服务就是原来营业税时期的"建筑工程"。原营业税时期的"建筑工程"是指新建、改建、扩建各种建筑物、构筑物的工程作业，包括与建筑物相连的各种设备或支柱，操作平台的安装或装设工程作业，以及各种窑炉和金属结构工程作业在内。

（2）安装服务。安装服务是指生产设备、动力设备、起重设备、运输设备、传动设备、医疗实验设备及其他各种设备、设施的装配、安置工程作业，包括与被安装设备相连的工作台、梯子、栏杆的装设工程作业，以及被安装设备的绝缘、防腐、保温、油漆等工程作业。固定电话、有线电视、宽带、水、电、燃气、暖气等经营者向用户收取的安装费、初装费、开户费、扩容费及类似收费，按照安装服务缴纳增值税。此范围规定与营业税时期的"安装工程"规定基本一致，同时将"安装费、初装费、开户费、扩容费及类似收费"等原来散见于各种文件中的税收规定，集中在此规定，明确属于安装服务。

（3）修缮服务。修缮服务是指对建筑物、构筑物进行修补、加固、养护、改善，使之恢复原来的使用价值或者延长其使用期限的工程作业。

（4）装饰服务。装饰服务是指对建筑物、构筑物进行修饰装修，使之美观或者具有特定用途的工程作业。

（5）其他建筑服务。其他建筑服务是指上列工程作业之外的各种工程作业服务，如钻井（打井）、拆除建筑物或者构筑物、平整土地、园林绿化、疏浚（不包括航道疏浚）、建筑物平移、搭脚手架、爆破、矿山穿孔、表面附着物（包括岩层、土层、沙层等）剥离和清理等工程作业。上述修缮服务和装饰服务的征税范围与营业税时期相比基本一致。其他建筑服务，相比原来营业税时期"其他工程作业，是指上列工程作业以外的各种工程作业，如代办电信工程，水利工程，道路修建，疏浚，钻井（打井），拆除建筑物或构筑物，平整土地，搭脚手架，爆破等工程作业"的规定，调整了部分内容。

7.2.2　税率和征收率

纳税人分为一般纳税人和小规模纳税人。纳税人提供建筑服务的年应征增值税销售额超过500万元（含本数）的为一般纳税人，未超过规定标准的纳税人为小规模纳税人。年应征增值税销售额，是指纳税人在连续不超过12个月的经营期内累计应征增值税销售额，含减、免税销售额，发生境外应税行为销售额以及按规定已从销售额中差额扣除的部分。如果该销售额为含税的，应按照适用税率或征收率换算为不含税的销售额。

年应税销售额未超过规定标准的纳税人，会计核算健全，能够提供准确税务资料的，可以向主管税务机关办理一般纳税人资格登记，成为一般纳税人。会计核算健全，是指能够按照国家统一的会计制度规定设置账簿，根据合法、有效凭证核算。是否做到"会计核算健全"和"能够准确提供税务资料"，由小规模纳税人的主管税务机关来认定。年应税销售额超过规定标准的其他个人不属于一般纳税人。年应税销售额超过规定标准但不经常发生应税行为的单位和个体工商户可选择按照小规模纳税人纳税。

一般纳税人适用税率为 11％；小规模纳税人提供建筑服务，以及一般纳税人提供的可选择简易计税方法的建筑服务，征收率为 3％。境内的购买方为境外单位和个人扣缴增值税的，按照适用税率扣缴增值税。

7.2.3 计税方法

增值税的计税方法，包括一般计税方法和简易计税方法。一般计税方法是按照销项税额减去进项税额的差额计算应纳税额。当期销项税额小于当期进项税额不足抵扣时，其不足部分可以结转下期继续抵扣。简易计税方法是按照销售额与征收率的乘积计算应纳税额，不得抵扣进项税额。小规模纳税人发生应税行为适用简易计税方法计税。

一般纳税人发生应税行为适用一般计税方法计税。一般纳税人发生财政部和国家税务总局规定的特定应税行为，可以选择适用简易计税方法计税，但一经选择，36 个月内不得变更。在选择是否采用简易计税方法时，要综合考虑业主对发票的要求、具体施工项目进项税额可取得情况，有些时候采用简易计税方法比采用一般计税方法税负要高。

7.2.4 增值税进项税额抵扣

纳税人取得的增值税扣税凭证不符合法律、行政法规或者国家税务总局有关规定的，其进项税额不得从销项税额中抵扣。增值税扣税凭证，是指增值税专用发票、海关进口增值税专用缴款书、农产品收购发票、农产品销售发票和完税凭证。纳税人凭完税凭证抵扣进项税额的，应具备书面合同、付款证明和境外单位的对账单或者发票。资料不全的，其进项税额不得从销项税额中抵扣。

允许从销项税额中抵扣的进项税额见表 7-1。

表 7-1 允许从销项税额中抵扣的进项税额一览表

序号	允许从销项税额中抵扣的进项税额
1	从销售方取得的增值税专用发票（含税控机动车销售统一发票，下同）上注明的增值税额
2	从海关取得的海关进口增值税专用缴款书上注明的增值税额
3	从境外单位或者个人购进服务、无形资产或者不动产，自税务机关或者扣缴义务人取得的解缴税款的完税凭证上注明的增值税额

不允许从销项税额中抵扣的进项税额见表 7-2。

表 7-2 不允许从销项税额中抵扣的进项税额一览表

序号	不允许从销项税额中抵扣的进项税额
1	用于简易计税方法计税项目、免征增值税项目、集体福利或者个人消费的购进货物、加工修理修配劳务、服务、无形资产和不动产。其中涉及的固定资产、无形资产、不动产，仅指专用于上述项目的固定资产、无形资产（不包括其他权益性无形资产）、不动产

续表

序号	不允许从销项税额中抵扣的进项税额
2	非正常损失的购进货物，以及相关的加工修理修配劳务和交通运输服务
3	非正常损失的在产品、产成品所耗用的购进货物（不包括固定资产）、加工修理修配劳务和交通运输服务
4	非正常损失的不动产，以及该不动产所耗用的购进货物、设计服务和建筑服务
5	非正常损失的不动产在建工程所耗用的购进货物、设计服务和建筑服务。纳税人新建、改建、扩建、修缮、装饰不动产，均属于不动产在建工程
6	购进的旅客运输服务、贷款服务、餐饮服务、居民日常服务和娱乐服务
7	财政部和国家税务总局规定的其他情形。上述非正常损失，是指因管理不善造成货物被盗、丢失、霉烂变质，以及因违反法律法规造成货物或者不动产被依法没收、销毁、拆除的情形。上述第4项、第5项所称货物，是指构成不动产实体的材料和设备，包括建筑装饰材料和给排水、采暖、卫生、通风、照明、通信、煤气、消防、中央空调、电梯、电气、智能化楼宇设备及配套设施。只有登记为增值税一般纳税人的建筑服务单位才涉及增值税进项税额抵扣

7.3 建筑业"营改增"对工程造价的影响

根据我国有关政策，建筑业"营改增"于2016年5月1日起全面实施，建筑业由之前的3%的营业税，改征为11%的增值税，同时允许各种增值税进项纳入抵扣范围。

7.3.1 计价规则调整

（1）营业税的计价规则。营业税的费用组成及计价规则如图7-1所示。

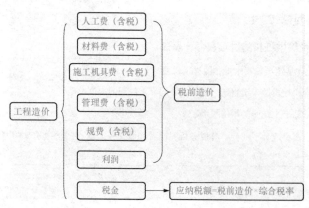

图7-1 营业税的费用组成及计价规则

图7-1中，应纳税额＝税前造价×综合税率，在增值税下，应纳税额＝销项税额－进项税额，在这种情况下，进项税额无法确定，所以我们需要对此进行调整，调整思路是价税分离，如图7-2所示。

（2）增值税的计价规则。"营改增"的调整总原则是将营业税下建筑安装工程税前造价各费用以包括可抵扣进项的"含税金额"计算的计价办法，调整为增值税下以不包括抵扣进项税额的"除税计算"。调整结果如图7-3所示。

各项费用计税可用图7-4表示。

7.3.2 计价费用要素调整

（1）人工费。人工费"营改增"前后比较见表7-3。

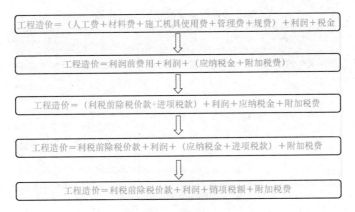

图 7-2　价税分离调整过程

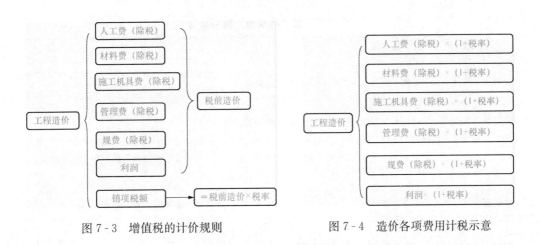

图 7-3　增值税的计价规则　　　　图 7-4　造价各项费用计税示意

表 7-3　　　　　　　　　　人工费"营改增"前后比较

营　业　税　下	增值税下
营业税下是指按工资总额构成规定，支付给从事建筑安装工程施工的生产工人和附属生产单位工人的各项费用	不需要调整

（2）材料费。营业税下是指施工过程中耗费的原材料、辅助材料、构配件、零件、半成品或成品、工程设备的费用。内容包括材料原价、运杂费、运输损耗费、采购及保管费等。材料费"营改增"前后比较见表 7-4。

表 7-4　　　　　　　　　　材料费"营改增"前后比较

营　业　税　下	增　值　税　下
营业税下是指施工过程中耗费的原材料、辅助材料、构配件、零件、半成品或成品、工程设备的费用	组成内容及计算方法不变，组成内容应为除税价款
包括材料原价、运杂费、运输损耗费、采购及保管费等	材料原价、运杂费、运输损耗费中可抵扣进项税额；采购及保管费费率应调整

（3）施工机具费。施工机具费"营改增"前后比较见表 7-5。

表7-5　　　　　　　　　　　　施工机具费"营改增"前后比较

营 业 税 下	增 值 税 下
营业税下是指施工作业所发生的施工机械、仪器仪表使用费或其租赁费	组成内容及计算方法不变，组成内容应为除税价款
机械台班单价＝台班折旧费＋台班大修费＋台班经常修理费＋台班安拆费及场外运费＋台班人工费＋台班燃料动力费＋台班车船税费	材料原价、运杂费、运输损耗费中可抵扣进项税税额；采购及保管费费率应调整
仪器仪表使用费＝工程使用的仪器仪表摊销费＋维修费	扣除摊销、维修中可抵扣进项税税额

（4）企业管理费。企业管理费"营改增"前后比较见表7-6。

表7-6　　　　　　　　　　　　企业管理费"营改增"前后比较

营 业 税 下	增 值 税 下
营业税下是指建筑安装企业组织施工生产和经营管理所需费用	组成内容及计算方法不变，组成内容应为除税价款
包括管理人员工资、办公费、差旅交通费、固定资产使用费、工具用具使用费、劳动保险和职工福利费、劳动保护费、检验试验费、工会经费、职工教育经费、财产保险费、财务费、税金及其他	扣除办公费、固定资产使用费、工具用具使用费、检验试验费所包含的可抵扣进项税额
企业管理费＝计算基础×相应费率	计算方法不变，费率需要调整

（5）利润。利润"营改增"前后比较见表7-7。

表7-7　　　　　　　　　　　　利润"营改增"前后比较

营 业 税 下	增 值 税 下
营业税下是指施工企业完成所承包工程获得的盈利	组成内容及计算方法不变，不存在可抵扣的进项税额
利润＝计算基础×相应费率	应在保证利润水平不变的前提下，调整费率

（6）规费。规费"营改增"前后比较见表7-8。

表7-8　　　　　　　　　　　　规费"营改增"前后比较

营 业 税 下	增 值 税 下
包括社会保险费、住房公积金和工程排污费等	组成内容及计算方法不变，不存在可抵扣的进项税额
规费＝计算基础×相应费率	规费水平无变化，调整费率

（7）税金。税金"营改增"前后比较见表7-9。

表 7 - 9 税金"营改增"前后比较

营 业 税 下	增 值 税 下
营业税下是指国家税法规定的应计入建筑安装工程造价内的营业税、城市维护建设税、教育费附加以及地方教育附加	增值税下是指按照国家税法规定应计入建筑安装工程造价内的销项税额,用于开支进项税额和缴纳应纳税额
税金=税前造价×综合税率	税金=税前造价×增值税税率

第8章 快速读懂施工图

8.1 施工图基础知识

8.1.1 施工图的组成

施工图分为总平面图、建筑施工图、结构施工图、设备施工图四类。

总平面图包括：总平面布置图、竖向设计图、土方工程图、管道综合图、绿化布置图、详图等。

建筑施工图包括：平面图、立面图、剖面图、地沟平面图、详图等。

结构施工图包括：基础平面图、基础详图、结构布置图、钢筋混凝土构件详图、钢结构详图、木结构详图、节点构造详图等。

设备施工图按专业不同，有给水排水图、电气图、弱电图、采暖通风图、动力图等。

8.1.2 常见图例符号

（1）常用建筑材料图例。常用建筑材料图例见表8-1。

表 8-1　　　　　　　　　　　　　　常用建筑材料图例

序号	名称	图　　例	说　　明
1	自然土壤		包括各种自然土壤
2	夯实土壤		—
3	砂、灰土		靠近轮廓线点较密的点
4	砂砾石、碎砖三合土		
5	天然石材		包括岩层、砌体、铺地、贴面等材料
6	毛石		—
7	普通砖		包括砌体、砌块

续表

序号	名称	图　例	说　明
8	耐火砖	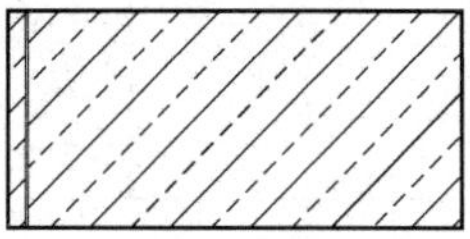	包括耐酸砖等
9	空心砖	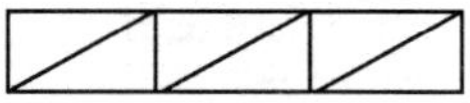	包括各种多孔砖
10	饰面砖		包括铺地砖、陶瓷锦砖、人造大理石
11	混凝土	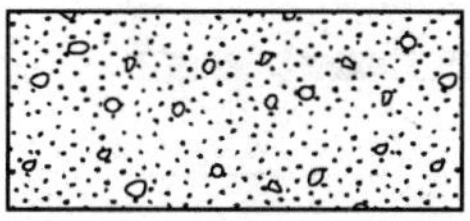	包括各种强度等级、骨料的混凝土
12	钢筋混凝土	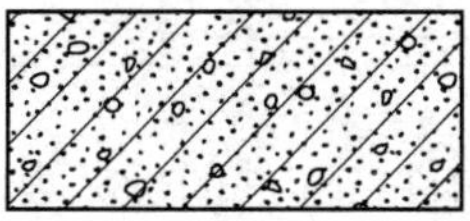	在剖面图上画钢筋时，不画图例线
13	焦渣、矿渣	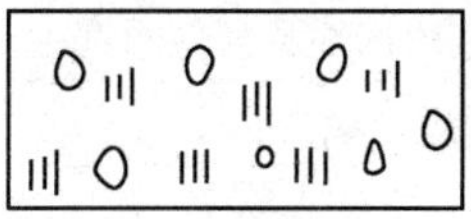	包括与水泥、石灰等混合而成的材料
14	多孔材料		包括水泥珍珠岩、沥青珍珠岩、加气混凝土、泡沫塑料、软木等
15	纤维材料	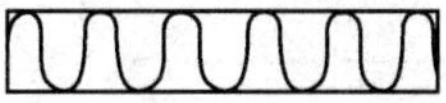	包括麻丝、玻璃棉、矿渣棉、木丝板、纤维板等
16	松散材料	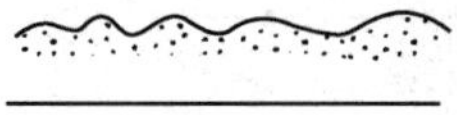	包括木屑、石灰木屑、稻壳等
17	木材	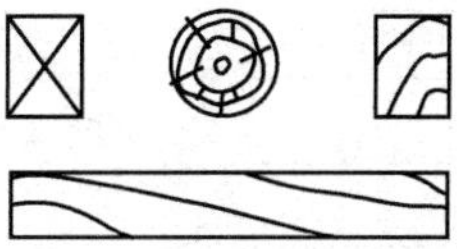	上图为横断面，依次为垫木、木砖、木龙骨；下图为纵断面
18	胶合板	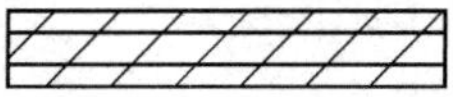	注明几层胶合板
19	石膏板	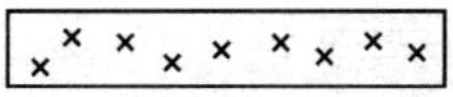	
20	金属	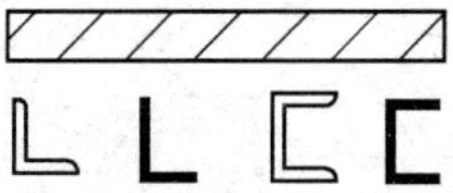	包括各种金属
21	网状材料		包括金属、塑料等网状材料

续表

序号	名称	图 例	说 明
22	液体	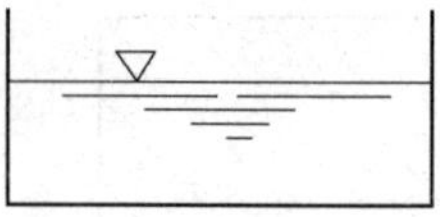	注明液体名称
23	玻璃	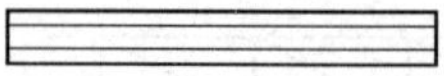	包括平板玻璃、磨砂玻璃、夹丝玻璃、钢化玻璃等
24	橡胶	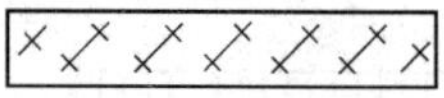	
25	塑料	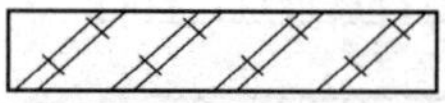	包括各种软、硬塑料及有机玻璃等
26	防水材料		构造层次多或比例较大时，采用上面图例
27	抹灰	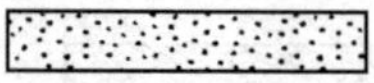	本图例点以较稀的点

（2）常用构件及配件图例。常用构件及配件图例见表8-2。

表8-2　　　　　　　　　　　　常用构件及配件图例

序号	名称	图 例	说 明
1	土墙	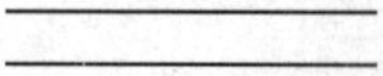	包括土筑墙、土坯墙、三合土墙等
2	隔断		（1）包括板条抹灰、木制、石膏板、金属材料等隔断； （2）适用于到顶与不到顶的隔断
3	栏杆		上图为非金属扶手，下图为金属扶手
4	楼梯	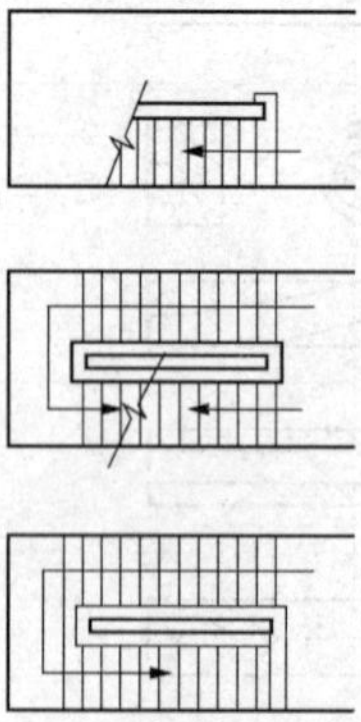	（1）上图为底层楼梯平面，中图为中间层楼梯平面，下图为顶层楼梯平面； （2）楼梯的形式及步数应按实际情况绘制
5	坡道	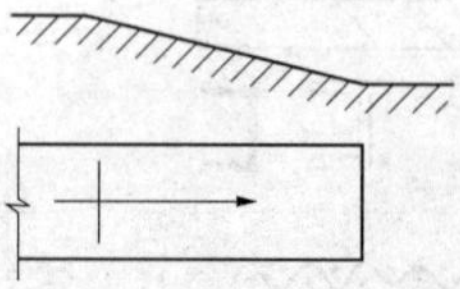	—

序号	名称	图 例	说 明
6	检查孔		左图为可见检查孔，右图为不可见检查孔
7	孔洞		—
8	坑槽		—
9	墙预留洞	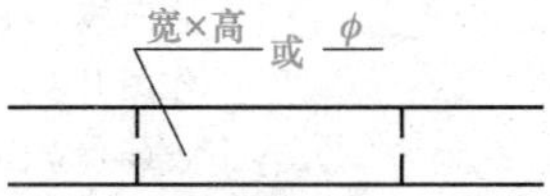 宽×高 或 φ	—
10	墙预留槽	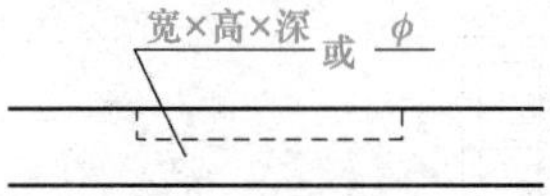 宽×高×深 或 φ	—
11	烟道	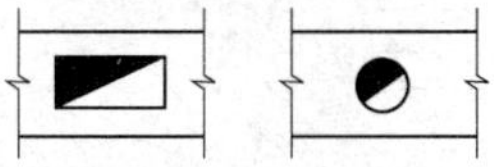	—
12	通风道	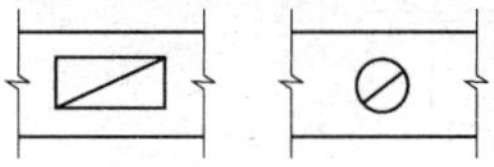	—
13	新建的墙和窗	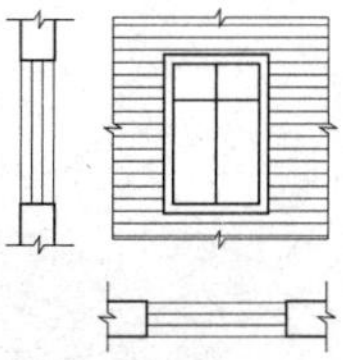	本图为砖墙图例，若用其他材料，应按所用材料的图例绘制
14	在原有墙或楼板上局部填塞的洞	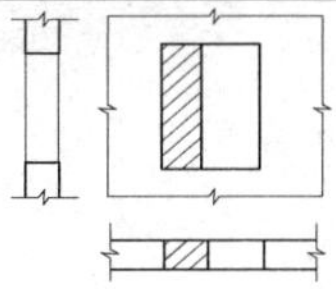	
15	空门洞	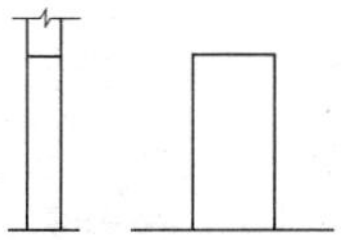	（1）门的名称代号用 M； （2）图例中剖视图左为外，右为内，平面图下为外，上为内　依据《建筑制图标准》（GB/T 50104—2001）； （3）立面图上开启方向线变角的一侧为安装合页的一侧，实线为外开，虚线为内开； （4）平面图上的开启弧线及立面图上的开启方向线，在一般设计图上不需要表示，但在制作图上表示； （5）立面形式应按实际情况绘制
16	单扇门（包括平开或单面弹簧）	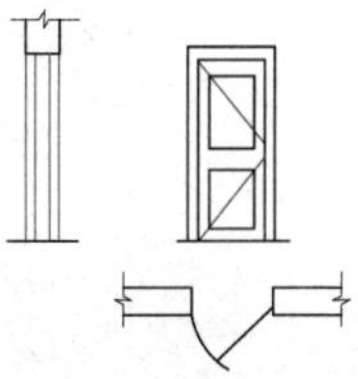	
17	双扇门（包括平开或单面弹簧）	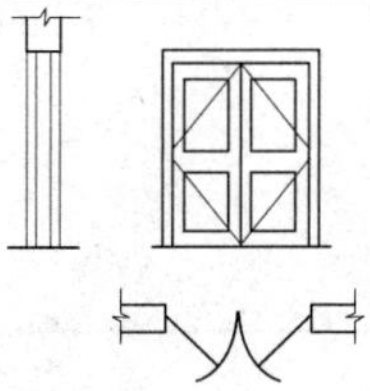	

续表

序号	名称	图 例	说 明
18	双开折叠门		(1) 门的名称代号用 M； (2) 图例中剖视图左为外、右为内，平面图下为外、上为内。依据《建筑制图标准》（GB/T 50104—2001）； (3) 立面图上开启方向线空角的一侧为安装合页的一侧，实线为外开，虚线为内开； (4) 平面图上的开启弧线及立面图上的开启方向线，在一般设计图上不需要表示，仅在制作图上表示； (5) 立面形式直接实际情况绘制
19	墙外单扇推拉门		
20	墙外双扇推拉门		(1) 门的名称代号用 M； (2) 图例中剖视图左为外、右为内，平面图下为外、上为内； (3) 立面形式应按实际情况绘制
21	墙内单扇推拉门		
22	墙内双扇推拉门		
23	单扇双面弹簧门		(1) 门的名称代号用 M； (2) 图例中剖视图左为外、右为内，平面图下为外、上为内；
24	双扇双面弹簧门		

序号	名称	图　例	说　明
25	单扇内外开双层门（包括平开或单面弹簧）		（3）立面图上开启方向线交角的一侧为安装台页的一侧，实线为外开，虚线为内开； （4）平面图上的开启弧线及立面图上的开启方向线，在一般设计圈上不需要表示，仅在制作图上表示； （5）立面形式应按实际情况绘制
26	双扇内外开双层门（包括平开或单面弹簧）		
27	转门		（1）门的名称代号用 M； （2）图例中剖视图左为外、右为内，平面图下为外，上为内； （3）平面图上的开启弧线及立面图上的开启方向线，在一般设计图上不需要表示，仅在制作图上表示； （4）立面形式应接实际情况绘制
28	折叠上翻门		（1）门的名称代号用 M； （2）图例中剖视图左为外、右为内，平面图下为外，上为内； （3）立面图上开启方向线交角的一侧为安装合页的一侧，实线为外开，虚线为内开； （4）平面图上的开启弧线及立面图上的开启方向线，在一般设计圈上不需要表示，仅在制作图上表示； （5）立面形式应按实际情况绘制
29	卷门		（1）门的名称代号用 M； （2）图例中剖视图左为外、右为内，平面图； （3）立面形式应按实际情况绘制
30	提升门		

续表

序号	名称	图　　例	说　　明
31	单层固定窗	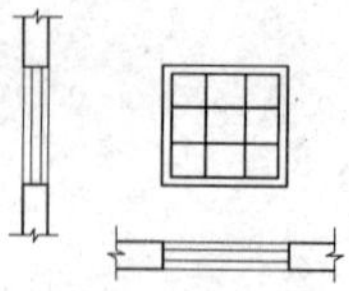	（1）窗的名称代号用 C； （2）立面图中的斜线表示窗的开关方向，实线为外开，虚线为内开，开启方向线交角的侧为安装台页的一侧，一般设计图中可不表示； （3）剖视图左为外、右为内，平面图下为外、上为内； （4）平面图、剖视图的虚线仅说明开关方式，在设计图中不需要表示； （5）窗的立面形式应按实际情况绘制
32	单层外开上悬窗	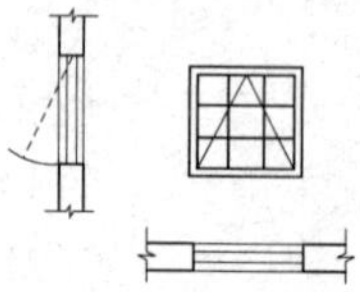	
33	单层中悬窗	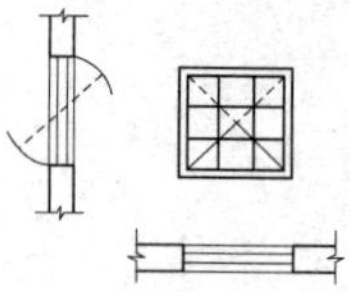	
34	单层内开下悬窗	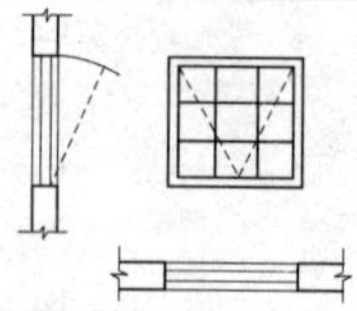	
35	单层外开平开窗	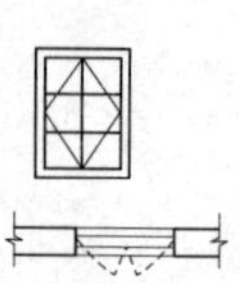	（1）窗的名称代号用 C； （2）立面图中的斜线表示窗的开关方向，实线为外开，虚线为内开；开启方向线交角的一侧为安装合页的一侧，一般设计图中可不表示； （3）剖视图左为外、右为内，平面图下为外、上为内； （4）平面图、剖视图的虚线仅证明开关方式，在设计图中不需要表示； （5）窗的立面形式应按实际情况绘制
36	立转窗	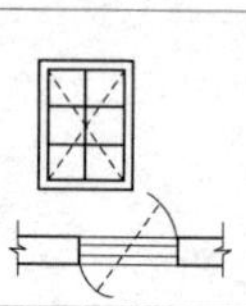	
37	单层内开平开窗	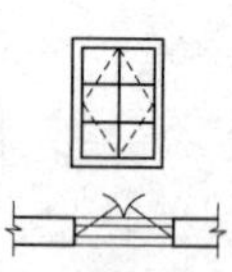	
38	双层内外开平窗	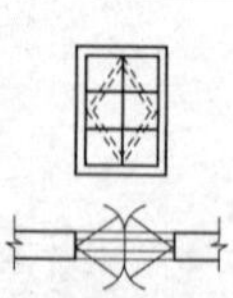	
39	左右推拉窗	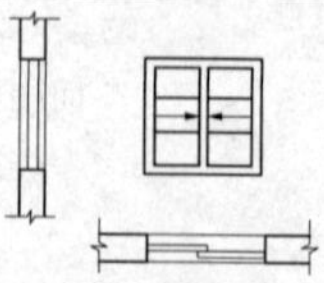	（1）窗的名称代号用 C； （2）剖视图左为外、右为内，平面图下为外、上为内； （3）窗的立面形式应按实际情况绘制
40	上推窗	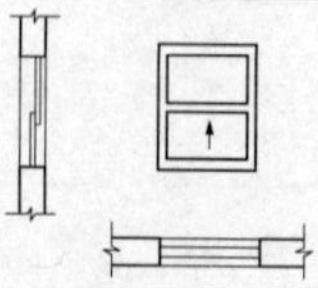	

续表

序号	名称	图　　例	说　　明
41	百叶窗		(1) 窗的名称代号用C； (2) 立面图中的斜线表示窗的开关方向，实线为外开，虚线为内开，开启方向线交角的一侧为安装合页的一侧，一般设计图中可不表示； (3) 剖视图左为外、右为内，平面图下为外，上为内； (4) 平面图、剖视图的虚线不仅说明开关方式，在设计图中不需要表示； (5) 窗的立面形式应按实际情况绘制

（3）常用构件代号。常用构件代号见表 8-3。

表 8-3　　　　　　　　　　　　　常 用 构 件 代 号

序号	名称	代号	序号	名称	代号
1	板	B	22	屋架	WJ
2	屋面板	WB	23	托架	TJ
3	空心板	KB	24	天窗架	GJ
4	槽型板	CB	25	框架	KJ
5	折板	ZB	26	刚架	GJ
6	密肋板	MB	27	支架	ZJ
7	楼梯板	TB	28	柱	Z
8	盖板或沟盖板	GB	29	基础	J
9	挡雨板或檐口板	YB	30	设备基础	SJ
10	墙板	DB	31	桩	ZH
11	天沟板	QB	32	柱间支撑	ZC
12	梁	TGB	33	垂直支撑	GC
13	屋面梁	L	34	水平支撑	SC
14	吊车梁	WL	35	梯	T
15	圈梁	DL	36	雨篷	YP
16	过梁	QL	37	阳台	YT
17	连系梁	GL	38	梁垫	LD
18	基础梁	LL	39	预埋件	M
19	楼梯梁	JL	40	天窗端壁	TD
20	檩条	TL	41	钢筋网	W
21		LT	42	钢筋骨架	G

（4）常用钢筋符号与图例。常用钢筋符号及图例见表 8-4～表 8-6。

表 8-4 常用钢筋种类及符号

钢 筋 种 类	符号
HPB235（Q235）	φ
HRB335（20MnSi）	Φ
HRB400（20MnSiV、20MnSiNb、20MnSiTl）	Φ
RRB400（L20MnSi）	ΦR

表 8-5 钢筋的端部形态及搭接

序号	名称	图例	说明
1	钢筋横断面	●	—
2	无弯钩的钢筋端部		左图表示长、短钢筋投影重叠时，短钢筋的端部用45°斜划线表示
3	带半圆形弯钩的钢筋端部		—
4	带直钩的钢筋端部		—
5	带丝扣的钢筋端部		—
6	无弯钩的钢筋搭接		—
7	带半圆弯钩的钢筋搭接		—
8	带直钩的钢筋搭接		—
9	花篮螺丝钢筋接头	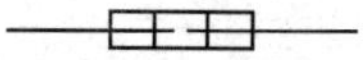	—
10	机械连接的钢筋接头		用文字说明机械连接的方式（或冷挤压活锥螺纹等）

表 8-6 钢筋的配置

序号	说 明	图 例
1	在结构平面图中配置双层钢筋时，底层钢筋的弯钩应向上或向左，顶层钢筋的弯钩则向下或向右	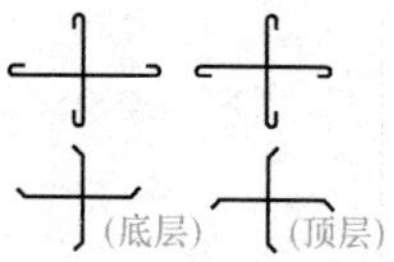 （底层）（顶层）
2	钢筋混凝土墙体配双层钢筋时，在配筋立面图中，远面钢筋的弯钩应向上或向左；而近面钢筋的弯钩向下或向右（JM近面；YM远面）	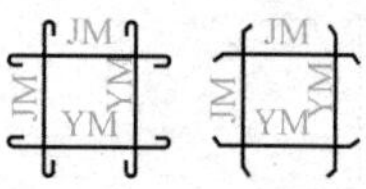 JM YM JM YM
3	若在断面图中不能清楚地表达钢筋布置，应在断面图外例如钢筋大样图（如钢筋混凝土墙，楼梯等）	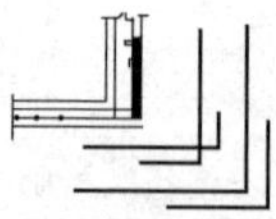
4	图中所表示的箍筋，环筋等布置复杂时，可加画钢筋大样及说明	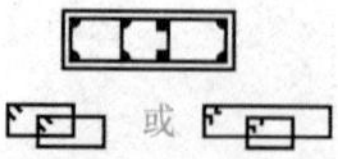 或
5	每组相同的钢筋、箍筋或环筋，可用一根粗实线表示，同时用一两端带斜短划线的横穿细线。表示其余钢筋及起止范围	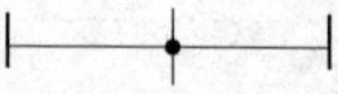

（5）钢筋的标注方法。钢筋的直径、根数及相邻钢筋中心距一般采用引出线的方式标注。常用钢筋的标注方法有以下两种。

1）梁、柱中纵筋的标注。

2）梁、柱中箍筋的标注。

8.1.3 标高

标高是以某点为基准点的高度。数值注写到小数点后三位数字；在总平面图中，可注至小数点后两位数字。尺寸单位标高及建筑总平面图以"m（米）"为单位，其余一律以"mm（毫米）"为单位。

标高分为绝对标高和相对标高两种。

（1）绝对标高。在我国，把山东省青岛市黄海平均海平面定为绝对标高的零点，其他各地标高都以它作为基准。

（2）相对标高。除总平面图外，一般都用相对标高，即把房屋底层室内主要地面定为相对标高的零点，写作"±0.000"，读作正负零点零零零，简称正负零。高于它的为正，但一般不注"+"符号；低于它的为"负"，必须注明符号"－"。例如，"－0.150"，表示比底层至内主要地面标高低 0.150m；"6.400"，表示比底层室内主要地面高 6.400m。

8.1.4 尺寸标注

图形上的尺寸标注由尺寸界线、尺寸线、尺寸起止符号和尺寸数字组成（见图 8-1）。图样上所标注的尺寸数字是物体的实际大小，与图形的大小无关。平面图中的尺寸，只能反映建筑物的长和宽。

图 8-1 尺寸标注

8.1.5 索引符号及详图符号

图纸中的某一局部或配件详细尺寸如需另见详图，以表达细部的形状、材料、尺寸等时，以索引符号索引，另外画出详图，即在需要另画详图的部位编上索引符号。

如图 8-2 所示中，"6"是详图编号，详图"6"是索引在 3 号图上，并在所画的详图上编详图编号"6"。皖 92J201 是标准图集编号，"18"是标准图集的 18 页，"7"是 18 页的 7号图。图 8-3 是详图符号。

图 8-2 索引符号

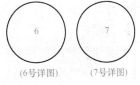

图 8-3 详图符号

8.1.6 施工图识图流程

在工程造价的过程中，识图的程序是：了解拟建工程的功能—熟悉工程平面尺寸—熟悉工程立面尺寸。

(1) 熟悉拟建工程的功能。图纸到手后，首先了解本工程的功能是什么，是车间还是办公楼？是商场还是宿舍？了解功能之后，再联想一些基本尺寸和装修，如厕所地面一般会贴地砖、作块料墙裙，厕所、阳台楼地面标高一般会低几厘米；车间的尺寸一定满足生产的需要，特别是满足设备安装的需要等。最后识读建筑说明，熟悉工程装修情况。

(2) 熟悉工程平面尺寸。建筑工程施工平面图一般有三道尺寸，第一道尺寸是细部尺寸，第二道尺寸是轴线间尺寸，第三道尺寸是总尺寸。检查第一道尺寸相加之和是否等于第二道尺寸、第二道尺寸相加之和是否等于第三道尺寸，并留意边轴线是否是墙中心线。识读工程平面图尺寸，先识建施平面图，再识本层结施平面图，最后识水电空调安装、设备工艺、第二次装修施工图，检查它们是否一致。熟悉本层平面尺寸后，审查是否满足使用要求，例如检查房间平面布置是否方便使用、采光通风是否良好等。识读下一层平面图尺寸时，检查与上一层有无不一致的地方。

(3) 熟悉工程立面尺寸。建筑工程建施图一般有正立面图、剖立面图、楼梯剖面图，这些图有工程立面尺寸信息；建施平面图、结施平面图上，一般也标有本层标高；梁表中，一般有梁表面标高；基础大样图、其他细部大样图，一般也有标高注明。通过这些施工图，可掌握工程的立面尺寸。

正立面图一般有三道尺寸，第一道是窗台、门窗的高度等细部尺寸，第二道是层高尺寸，并标注有标高，第三道是总高度。审查方法与审查平面各道尺寸一样，第一道尺寸相加之和是否等于第二道尺寸，第二道尺寸相加之和是否等于第三道尺寸。检查立面图各楼层的标高是否与建施平面图相同，再检查建施的标高是否与结施标高相符。

建施图各楼层标高与结施图相应楼层的标高应不完全相同，因建施图的楼地面标高是工程完工后的标高，而结施图中楼地面标高仅结构面标高，不包括装修面的高度，同一楼层建施图的标高应比结施图的标高高几厘米。这一点需特别注意，因有些施工图，把建施图标高标在了相应的结施图上，如果不留意，施工中会出错。

熟悉立面图后，主要检查门窗顶标高是否与其上一层的梁底标高相一致；检查楼梯踏步的水平尺寸和标高是否有错，检查梯梁下竖向净空尺寸是否大于 2.1m，是否出现碰头现象；当中间层出现露台时，检查露台标高是否比室内低；检查厕所、浴室楼地面是否低几厘米，若不是，检查有无防溢水措施；最后与水电空调安装、设备工艺、第二次装修施工图相结合，检查建筑高度是否满足功能需要。

8.2 建筑工程识图

工程量计算前的看图，要先从头到尾浏览整套图纸，待对其设计意图大概了解后，再选择重点详细看图。

(1) 了解建筑物的层数和高度（包括层高和总高）、室内外高差、结构形式、纵向总长及跨度等。

(2) 了解工程的材料做法，包括地面、屋面、门窗、内外墙装饰的材料做法。

（3）了解建筑物的墙厚、楼地面面层、门窗、顶棚、内墙饰面等在不同的楼层上有无变化（包括材料做法、尺寸、数量等变化），以便在相关工程量计算时，采用不同的计算方法。

8.2.1　总平面图

总平面图（见图 8-4）是用来反映一个工程的总体布局的，其基本组成有：房屋的位置、标高、道路布置、构筑物、地形、地貌等，可作为房屋定位、施工放线及施工总平面图布置的依据。

（1）总平面图的基本内容。

1）表明新建区域的地形、地貌、平面布置，包括红线位置，各建（构）筑物、道路、河流、绿化等的位置及其相互间的位置关系。

2）确定新建房屋的平面位置。通常依据原有建筑物或道路定位，标注定位尺寸；修建成片住宅、较大的公共建筑物、工厂或地形复杂时，用坐标确定房屋及道路转折点的位置。

3）表明建筑物首层地面的绝对标高，室外地坪、道路的绝对标高；说明土方填挖情况、地面坡度及雨水排除方向。

4）用指北针和风向频率玫瑰图来表示建筑物的朝向。

（2）总平面图识读要点。

1）熟悉总平面图的图例，查阅图标及文字说明，了解工程性质、位置、规模及图纸比例。

2）查看建设基地的地形、地貌、用地范围及周围环境等，了解新建房屋和道路、绿化布置情况。

3）了解新建房屋的具体位置和定位依据。

4）了解新建房屋的室内、外高差，道路标高，坡度以及地表水排流情况。

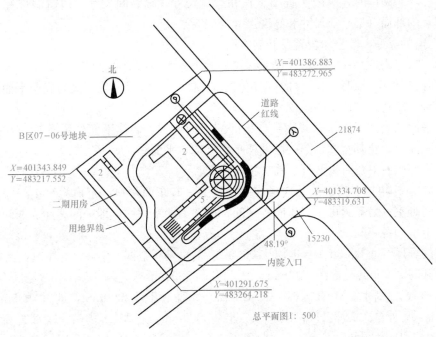

图 8-4　总平面图

8.2.2 建筑平面图

(1) 平面图的概念。建筑平面图就是将房屋用一个假想的水平面，沿窗口（位于窗台稍高一点）的地方水平切开，这个切口下部的图形投影至所切的水平面上，从上往下看到的图形即为该房屋的平面图。而设计时，则是设计人员根据业主提出的使用功能，按照规范和设计经验构思绘制出房屋建筑的平面图。建筑平面图包含的内容如下。

1) 由外围看可以知道它的外形、总长、总宽及建筑的面积，如首层平面图上还绘有散水、台阶、外门、窗的位置、外墙的厚度、轴线标号，有的还可能绘有变形缝、室外钢爬梯等的图示。

2) 往内看可以看到向墙位置、房间名称、楼梯间和卫生间等的布置。

3) 从平面图上还可以了解到开间尺寸、内门窗位置、室内地面标高，门窗型号尺寸，以及所用详图等。平面图根据房屋的层数不同分为首层平面图、一层平面图、三层平面图等。如果楼层仅与首层不同。那么一层以上的平面图又称为标准层平面图。最后还有屋顶平面图，屋厕平面图是说明屋顶上建筑构造的平面布置和雨水排水坡度情况的图。

(2) 平面图的识读要点。

1) 熟悉建筑配件图例、图名、图号、比例及文字说明。

2) 定位轴线。定位轴线是表示建筑物主要结构或构件位置的点划线。凡是承重墙、柱、梁、屋架等主要承重构件都应画上轴线，并编上轴线号，以确定其位置；对于次要的墙、柱等承重构件，则编附加轴线号确定其位置。

3) 房屋平面布置，包括平面形状、朝向、出入口、房间、走廊、门厅、楼梯间等的布置组合情况。

4) 阅读各类尺寸。图中标注房屋总长及总宽尺寸，各房间开间、进深、细部尺寸和室内外地面标高。阅读时，应依次查阅总长和总宽尺寸，轴线间尺寸，门窗洞口和窗间墙尺寸，外部及内部局（细）部尺寸和高度尺寸（标高）。

5) 门窗的类型、数量、位置及开启方向。

6) 墙体、（构造）柱的材料、尺寸。漆黑的小方块表示构造柱的位置。

7) 阅读剖切符号和索引符号的位置和数量。图 8-5 所示为某建筑的底层平面图，以此为例，简单介绍建筑平面图的识读。

底层平面图表达了该住宅楼底层各房间的平面位置、墙体平面位置及其相互间轴线尺寸、门窗平面位置及其宽度、第一段楼梯平面、散水平面等。

底层平面图右上角有指北针，箭头指向为北。

从图 8-5 中可以看出，从北向楼梯间处进去，有东西两户，东户为三室一厅，即一间客厅、三间卧室、另有厨房、卫生间各一间；西户为两室一厅，即一间客厅、两间卧室，另有厨房、卫生间各一间。

东户的客厅开间 3900mm，进深 4200mm，无门只有空圈，有 C-1 外窗；南卧室有两间，小间开间 2700mm，进深 4200mm；大间开阔 3600mm，进深 4200mm。小间有 M-2 内门、C-2 外窗；大间有 M-2 内门，C-1 外窗。北卧室开间 3000mm，进深 3900mm，有 M-2 内门，C-2 外窗。厨房开间 2400mm，进深 3000mm，有 M-3 内门，C-2 外窗，室内有洗涤池一个。卫生间开间 2100mm，进深 3000mm，有 M-4 内门，C-3 外窗，室内有浴盆、坐便器、洗面器各一件。

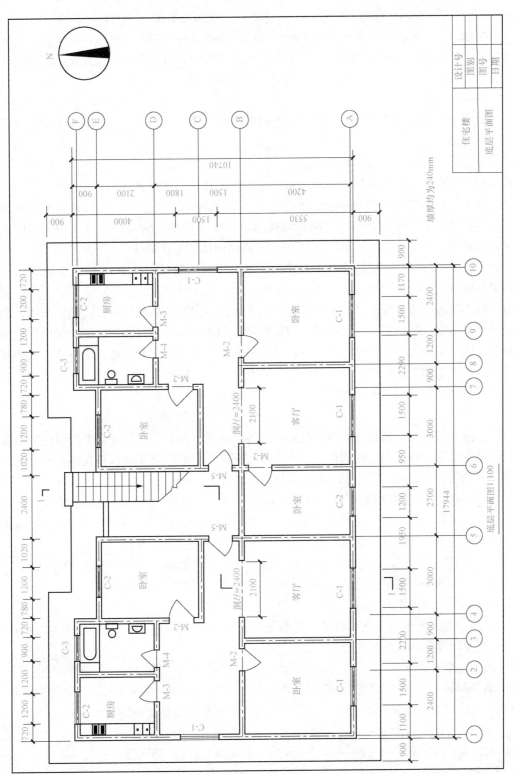

图 8 - 5　底层平面图

西户的客厅开间 3900mm，进深 4200mm，无门只有空圈，有 C-1 外窗；南卧室开间 3600mm，进深 4200mm，有 M-2 内门，C-1 外窗；北卧室开间 3600mm，进深 3900mm，有 M-2 内门，C-2 外窗。厨房开间 2400mm，进深 3000mm，有 M-3 内门，C-2 窗，室内有洗涤池一个。卫生间开间 2100mm，进深 3000mm，有 M-4 内门，C-3 外窗，室内有浴盆、坐便器、洗面器各一件。

这两户的户门为 M-5。

楼梯间有第一梯段的大部分，以及进入室内的两步室内台阶，梯段上的箭头方向示出从箭头方向上楼。

底层外墙外围是散水，仅表示散水宽度。

通过楼梯间有一道剖面符号 1-1，表示该楼的剖面图从此处剖开从右向左剖视。

每道承重墙标有定位轴线，240mm 厚墙体，定位轴线通过其中心。横向墙体的定位轴线用阿拉伯数字从左向右顺序编号，纵向墙体的定位轴线用英文大写字母从下向上顺序编号。底层平面图上有 10 道横向墙体定位轴线，6 道纵向墙体定位轴线。

底层平面图上尺寸线，每边注 3 道（相对应边尺寸相同者只注其中一边尺寸），第一道为门商宽及窗间墙宽，第二道为定位轴线间中距，第三道为外包尺寸。

看图时应该根据施工顺序抓住主要部位。如应先记住房屋的总长、总宽，几道轴线，轴线间的尺寸、墙厚、门、窗尺寸和编号，门窗还可以列出表来，可以提请加工。其他如楼梯平台标高、踏步走向以及再砌砖时有关的部分应先看懂，先记住。其次再记下一步施工的有关部分，往往施工的全过程中，对一张平面图要看好多次。所以看图纸时应先抓住总体，抓住关键，一步步地看才能把图记住。

8.2.3　建筑立面图

（1）立面图的概念。建筑立面图是建筑物的各个侧面，向它平行的竖直平面所作的正投影，这种投影得到的侧视图，我们称为立面图。它分为正立面、背立面和侧立面，有时又按朝向分为南立面、北立面、东立面、西立面等。立面图的具体内容如下。

1）立面图反映了建筑物的外貌，如外墙上的檐口、门窗套、出檐、阳台、腰线、门窗外形、雨篷、花台、水落管、附墙柱、勒脚、台阶等构造形态；有时还标明外墙装修的做法，是清水墙还是抹灰，抹灰是水泥还是干粘石、水刷石或贴面砖等。

2）立面图还标明各层建筑标高、层数，房屋的总高度或凸出部分最高点的标高尺寸。有的立面图也在侧面采用竖向尺寸，标注出窗口的高点、层高尺寸等。

（2）立面图的识读要点。

1）了解立面图的朝向及外貌特征。例如房屋层数，阳台、门窗的位置和形式，雨水管、水箱的位置及屋顶隔热层的形式等。

2）外墙面装饰做法。

3）各部位标高尺寸。找出图中标示室外地坪、勒脚、窗台、门窗顶及檐口等处的标高。

图 8-6 所示为某建筑的南立面图，以此为例，简单介绍建筑立面图的识读。

a. 南立面为正立面，出入口在东端。

b. 轴线为①～⑥轴，与平面图编号一致，门窗编号、数量与平面图对应。

c. 门窗按"国标"规定图例表示，相同类型门窗可只画一两个完整图形，其他可画门窗洞口轮廓线及单线图形。

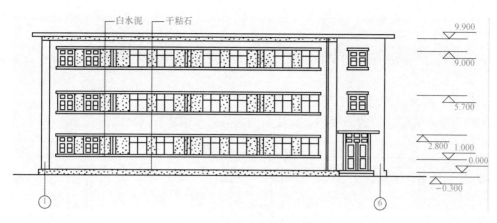

图 8-6　某建筑南立面图

　　d. 主要部位高度用标高表示，如室外设计地坪标高为－0.3m，室内首层地面标高为±0，屋面板标高 9.9m 等。

　　e. 装修做法为：勒脚为干粘石，窗台抹白水泥。

　　f. 檐口形式为挑檐板，雨水管二根，室外台阶二步。

　　立面图是一座房屋的立面形象，因此主要应记住它的外形，外形中主要的是标高，门、窗位置，其次要记住装修做法，哪一部分有出檐，或有附墙柱等。哪些部分做抹面，都要分别记牢。此外，如附加的构造如爬梯、雨水管等的位置，记住后在施工时就可以考虑随施工的进展进行安装。总之立面图是结合平面图说明房屋外形的图纸，图示的重点是外部构造，因此这些仅从平面图上是想象不出的，必须依靠立面图结合起来，才能把房屋的外部构造表达出来。

8.2.4　建筑剖面图

　　(1) 剖面图的概念

　　为了解房屋竖向的内部构造，我们假想一个垂直的平面把房屋切开，移去一部分，对余下的部分向垂直平面作投影，从而得到的剖视图即为该建筑在某一所切开处的剖面图。剖面图的内容如下。

　　1) 从剖面图可以了解各层楼面的标高，窗台，窗上口、顶棚的高度，以及室内净空尺寸。

　　2) 剖面图上还画出房屋从屋面至地面的内部构造特征，如屋盖是什么形式的，楼板是什么构造的，隔墙是什么构造的，内门的高度等。

　　3) 剖面图上还注明一些装修做法，楼地面做法，对所用材料等加以说明。

　　4) 剖面图上有时也可以表明屋面做法及构造，屋面坡度及屋顶上女儿墙、烟囱等构造物的情形等。

　　(2) 剖面图的识读要点。

　　1) 熟悉建筑材料图例。

　　2) 了解剖切位置、投影方向和比例。注意图名及轴线编号应与底层平面图相对应。

　　3) 分层、楼梯分段与分级情况。

　　4) 标高及竖向尺寸。图中的主要标高包括室内外地坪、入口处、各楼层、楼梯休息平台、窗台、檐口、雨篷底等；主要尺寸包括房屋进深、窗高度，上下窗间墙高度，阳台高度等。

5）主要构件间的关系，图中各楼板、屋面板及平台板均搁置在砖墙上。并设有圈梁和过梁。

6）屋顶、楼面、地面的构造层次和做法。

图 8-7 所示为某建筑的剖面图，以此为例，简单介绍建筑剖面图的识读。

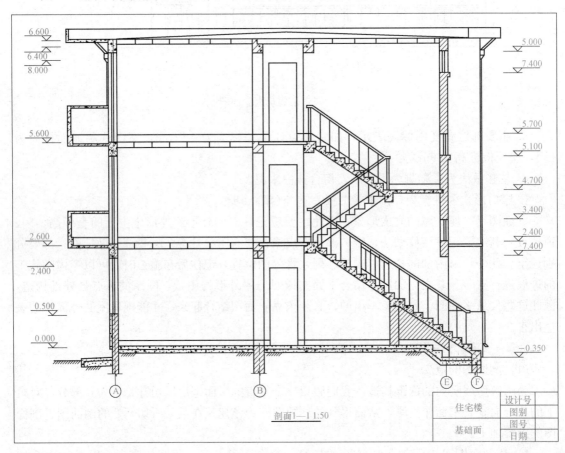

图 8-7 剖面图

从图 8-7 中可以看出，该住宅楼为三个层次。层高为 2.8m。屋顶为平屋面，有外伸挑檐。客厅外墙外侧有挑出阳台（二、三层有阳台，底层无阳台）。楼梯有三段，第一段楼梯从底层到二层为单跑梯；第二段楼梯从二层楼面到楼梯平台，第三段楼梯从楼梯平台到三层楼面，这两段楼梯组成双跑梯，从二层到三层。

根据建筑材料图例得知，二、三层客厅楼板为预制板；屋面板全为预制板，楼梯及走道为现浇混凝土。阳台、雨篷也为现浇混凝土。

每个外窗及空圈上边有钢筋混凝土过梁。三层外窗上面为挑檐圈梁。阳台门上面为阳台梁。楼梯间入口处上面为雨篷梁。

剖面图只表示到底层室内地面及室外地坪线，以下部分属于基础，另见基础图。

剖面图两侧均有标高线，标出底层室内地面、各层楼面、屋面板面、外窗上下边、楼梯平台、室外地坪等处标高值。以底层室内地面标高为零，以上者标正值，以下者标负值。

通过看剖面图应记住各层的标高，各部位的材料做法，关键部位尺寸如内墙高、窗的离地高度、墙裙高度等。其他如外墙竖向尺寸、标高，如果结合立面图记忆就容易记住，这在砌砖施工时很重要。同事由于建筑标高和结构标高有所不同，所以楼板面和楼板底的标高必须通过计算才能知道。

8.2.5　建筑详图

建筑详图是把房屋的细部或构配件（如楼梯、门窗）的形状、大小、材料和做法等，按正投影原理，用较大比例绘制出的图样，故又叫大样图，它是对建筑平面图、立面图、剖面图的补充。

建筑详图主要包括外墙详图、楼梯详图、门窗详图、阳台详图及厨房、浴室、卫生间详图等。常见的索引及详图符号可参考表8-7。

表8-7　　　　　　　　　　　　常见索引及详图符号

名称	符号	说明
详图的索引	详图的编号 — 详图在本张图纸上；剖面详图的编号 — 剖面详图在本张图纸上 — 剖切位置线	详图在本章图上
	详图的编号 — 详图所在图纸的编号	详图不在本章图上
	标准图册的编号 — 标准图册详图的编号 — 93J301 6/12 — 标准图册详图所在图；标准图册的编号 — 标准图册详图的编号 — 93J301 8/13 — 标准图册详图所在图；剖切位置线 — 引出线表示剖视方向	标准详图
详图的标志	5 — 详图的编号	被索引的详图在本章图纸上

（1）外墙身详图识读。外墙身详图实际上是建筑剖面图的局部放大图。它主要表示房屋的屋顶、檐口、楼层、地面、窗台、门窗顶、勒脚、散水等处的构造；楼板与墙的连接关系。

外墙身详图的主要内容包括以下几方面。

1）标注墙身轴线编号和详图符号。

2）采用分层文字说明的方法表示屋面、楼面、地面的构造。

3）表示各层梁、楼板的位置及与墙身的关系。

4）表示窗台、窗过梁（或圈梁）的构造情况。

5）表示勒脚部分例如房屋外墙的防潮、防水和排水的做法。外墙身的防潮层，一般在室内底层地面下 60mm 左右处。外墙面下部有 30mm 厚 1∶3 水泥砂浆，面层为褐色水刷石的勒脚。墙根处有坡度 5％的散水。

6）标注各部位的标高及高度方向和墙身细部的大小尺寸。

7）文字说明各装饰内、外表面的厚度及所用的材料。

（2）楼梯详图识读。楼梯详图一般包括平面图、剖面图及踏步栏杆详图等。它们表示出楼梯的形式，踏步、平台、栏杆的构造、尺寸、材料和做法。楼梯详图分为建筑详图与结构详图，并分别绘制。对于比较简单的楼梯，建筑详图和结构详图可以合并绘制，编入建筑施工图和结构施工图。

1）楼梯平面图。一般每一层楼都要画一张楼梯平面图。三层以上的房屋，若中间各层的楼梯位置及其梯段数，踏步数和大小相同，则通常只画底层、中间层和顶层三个平面圈。

楼梯平面图实际是各层楼梯的水平剖面图，水平剖切位置应在每层上行第一梯段及门窗洞口的任一位置处。各层（除顶层外）被剖到的梯段，按《房屋建筑制图统一标准》（GB/T 50001—2001）规定，均在平面图中以一根 45°折断线表示。

在各层楼梯平面图中应标注该楼梯间的轴线及编号，以确定其在建筑平面图中的位置。底层楼梯平面图还应注明楼梯剖面图的剖切符号。

平面图中要注出楼梯间的开间和进深尺寸、楼地面和平台面的标高及各细部的详细尺寸。通常把梯段长度尺寸与踏面数、踏面宽的尺寸合写在一起。

2）楼梯剖面图。假想用一铅垂平面通过各层的一个梯段和门窗洞将楼梯剖开，向另一束剖面的梯段方向投影，所得到的剖面图即为楼梯剖面图。

楼梯剖面图表示出房屋的层数，楼梯梯段数，步级数，楼梯形式，楼地面、平台的构造及与墙身的连接等。

若楼梯间的屋面没有特殊之处，一般可不画。

楼梯剖面图中还应标注地面、平台面、楼面等处的标高和梯段、楼层、门窗洞口的高度尺寸。楼梯高度尺寸注法与平面图梯段长度注法相同。例如 $16×150＝2400$（mm），16 为步级数，表示该梯段为 16 级，150mm 为踏步高度。

楼梯剖面图中也应标注承重结构的定位轴线及编号。对需画详圈的部位注出详图索引符号。

3）节点详图。楼梯节点详图主要表示栏杆、扶手和踏步的细部构造。

图 8-8 和图 8-9 为某建筑的楼梯平面图和剖面图，以此为例，简单介绍楼梯详图的识读。

a. 楼梯开间 4.25m，进深 2.7m，二、三层楼梯休息平台标高分别为 1.815m 和 4.95m，休息平台净宽 1.34m。

b. 每个踏步宽度 290mm，从一层地面到二层楼面需上 20 个踏步，从二层楼面到三层楼面也需上 20 个踏步。

c. 顶层平面图，由于剖切位置在栏板之上，向下作投影，有两段完整的梯段，从三层楼面 6.6m 到二层楼面 3.3m，需下 20 个踏步。

d. 定位轴线。轴线编号 ⑩～⑯，楼梯间进深 4.25m。

e. 竖向尺寸和标高。如每个踏步高 165mm，第一跑 11 个踏步，一层休息平台标高 1.815m，二层楼面标高 3.3m，楼梯间窗户高度 0.9m，栏杆高 0.9m。

f. 外纵墙 F 情况。墙厚 360mm，墙上包括窗户、过梁、窗台、休息平台下梁等构件。

此外，建筑详图还有门窗详图、厨房详图、卫生间详图等各种类型的详图，但是这些详图相对比较简单，一般人参照图纸都能够理解，所以在此不做另外介绍。

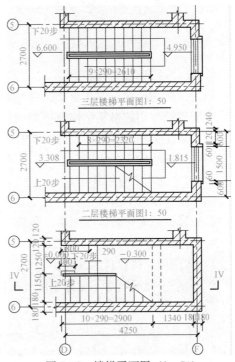

图 8-8　楼梯平面图（1：50）

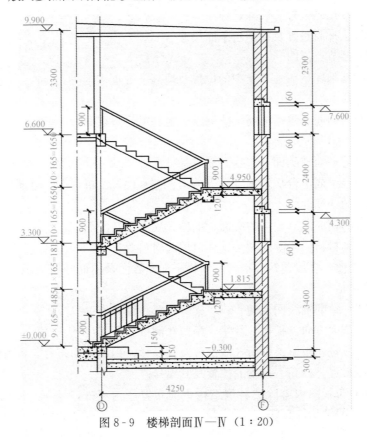

图 8-9　楼梯剖面Ⅳ—Ⅳ（1：20）

8.3 结构工程识图

8.3.1 建筑常用结构形式

（1）按结构的承重方式分类：常见的有墙柱支撑梁板的砖混结构，板、梁、柱、承重墙体，只起围护作用的框架结构及桁架结构等结构形式。

（2）按建筑物的承重结构的材料分类：常见的有砖混结构、钢筋混凝土结构、钢结构及其他建筑材料结构等。

8.3.2 结构工程图的组成

结构图包括以下内容。

（1）目录。先列新绘制图纸，后列选用标准图或重复利用图。

（2）首页（设计说明）。

1）所选用结构材料的品种、规格、型号、强度等级等，某些构件的特殊要求。

2）地基土概况，对不良地基的处理措施和基础施工要求。

3）所采用的标准构件图集。

4）施工注意事项：如施工缝的设置；特殊构件的拆模时间、运输、安装要求等。

（3）基础平面图。

1）承重墙位置、柱网布置、基坑平面尺寸及标高，纵横轴线关系、基础和基础梁布置及编号、基础平面尺寸及标高。

2）基础的预留孔洞位置、尺寸、标高。

3）桩基的桩位平面布置及桩承台平面尺寸。

4）有关的连接节点详图。

5）说明：如基础埋置在地基土中的位置及地基土处理措施等。

（4）基础详图。

1）条形基础的剖面（包括配筋、防潮层、地基梁、垫层等）、基础各部分尺寸、标高及轴线关系。

2）独立基础的平面及剖面（包括配筋、基础梁等）、基础的标高、尺寸及轴线关系。

3）桩基的承台梁或承台板钢筋混凝土结构、桩基位置、桩详图、桩插入承台的构造等。

4）筏形基础的钢筋混凝土梁板详图及承重墙、柱位置。

5）箱形基础的钢筋混凝土墙的平面、剖面、立面及其配筋。

6）说明：基础材料、防潮层做法、杯口填缝材料等。

（5）结构布置图。多层建筑应有各层结构平面布置图及屋面结构平面布置图。各层结构平面布置图内容包括如下。

1）与建筑图一致的轴线网及墙、柱、梁等位置、编号。

2）预制板的跨度方向、板号、数量、预留孔洞位置及其尺寸。

3）现浇板的板号、板厚、预留孔洞位置及其尺寸，钢筋平面布置、板面标高。

4）图梁平面布置、标高、过梁的位置及其编号。

屋面结构平面布置图内容除按各层结构平面布置图内容外，还应有屋面结构坡比、坡向、屋脊及檐门处的结构标高等。

单层有吊车的厂房应有构件布置图及屋面结构布置图。

构件布置图内容包括：柱网轴线；柱、墙、吊车梁、连系梁、基础梁、过梁、柱间支撑等的布置；构件标高；详图索引号；有关说明等。

屋面布置图内容包括：柱网轴线；屋面承重结构的位置及编号、预留孔洞的位置、节点详图索引号、有关说明等。

（6）钢筋混凝土构件详图。现浇构件详图内容包括如下。

1）纵剖面：长度、轴线号、标高及配筋情况、梁和板的支承情况。

2）横剖面：轴线号、断面尺寸及配筋。

3）留洞、预埋件的位置、尺寸或预埋件编号等。

4）说明：混凝土强度等级、钢筋级别、施工要求、分布钢筋直径及间距等。

预制构件详图内容包括如下。

1）复杂构件的模板图（含模板尺寸、预埋件位置、必要的标高等）。

2）配筋图：纵剖面表示钢筋形式、箍筋直径及间距；横剖面表示钢筋直径、数量及断面尺寸等。

3）说明：混凝土强度等级、钢筋级别、焊条型号、预埋件索引号、施工要求等。

（7）节点构造详图。预制框架或装配整体框架的连接部分、楼层构件或柱与墙的锚接等，均应有节点构造详图。

节点构造详图应有平面、剖面，按节点构造表示出连接材料、附加钢筋、预埋件的规格、型号、数量、连接方法及相关尺寸、与轴线关系等。

8.3.3 结构工程图的识读方法与要点

（1）方法和顺序。看图纸必须掌握正确的方法，如果没有掌握看图方法，则往往抓不住要点，分不清主次，其结果必然收效甚微。看图的实践经验告诉我们，看图的方法一般是先要弄清楚图纸的特点。从看图经验归纳的顺口溜是："从上往下看、从左往右看、从里向外看、由大到小看、由粗到细看，图样与说明对照看，建筑与结施图结合看。"有必要时还要把设备图拿来参照看，这样才能得到较好的看图效果。但是由于图面上的各种线条纵横交错，各种图例、符号繁多，对初学者来说，开始看图时必须要有耐心，认真细致。并要花费较长的时间，才能把图看明白。

看图顺序是，先看设计总说明，以了解建筑概况、技术要求等，然后看图。一般按目录的排列逐张往下看，如先看建筑总平面图，了解建筑物的地理位置、高程、坐标、朝向及与建筑物有关的一些其他情况。

看完建筑总平面图之后，则一般先看建筑施工图中的建筑平面图，从而了解房屋的长度、宽度、轴线间尺寸、开间大小、内部一般布局等。看了平面图之后再看立面图和剖面图，从而对该建筑物有一个总体的了解。

在对每张图纸经过初步全面的看阅之后，在对建筑、结构、水、电设备的大致了解之后，可以再回过头来根据施工程序的先后，从基础施工图开始一步步深入看图了。

先从基础平面图、剖面图了解挖土的深度，基础的构造、尺寸、轴线位置等开始仔细地看图。按照基础—结构—建筑—结合设施（包括各类详图）这个施工程序进行看图，遇到问题可以记下来，以便在继续看图中得到解决，或到设计交底时再提出问题。

在看基础施工图时，还应结合看地质勘探图，了解土质情况，以便施工中核对土质构造，保证地基土的质量。

在图纸全部看完之后，可按不同工种有关的施工部分，将图纸再细读，如砌砖工序要了解墙多厚、多高，门、窗洞口多大，是清水墙还是浑水墙，窗口有没有出檐，用什么过梁等。木工工序就关心哪儿要支模板，如现浇钢筋混凝土梁、柱，就要了解梁、柱的断面尺寸、标高、长度、高度等；除结构之外，木工工序还要了解门窗的编号、数量、类型和建筑商有关的木装饰图纸。钢筋工序则凡是有钢筋的地方，都要看细才能配料和绑扎。

通过看图纸，详细了解要施工的建筑物，在必要时边看图边做笔记，记下关键的内容，以免忘记时可以备查。这些关键的内容包括轴线尺寸，开间尺寸，层高，楼高，主要梁、柱的截面尺寸、长度、高度；混凝土强度等级，砂浆强度等级等。当然，在施工中不能看一次图就将建筑物全部记住，还要结合每个工序再仔细看与施工时有关的部分图纸。总之，能做到按图施工无差错，才算把图纸看懂了。

（2）看图的要点。

1）了解基础深度、开挖方式（图纸上未注明开挖方式的，结合施工方案确定），以及基础、墙体的材料做法。

2）了解结构设计说明中涉及工程量计算的条款内容，以便在工程量计算时，全面领会图纸的设计意图，避免重算或漏算。

3）了解构件的平面布置及节点图的索引位置，以免在计算时乱翻图纸查找，浪费时间。

4）砖混结构要弄清圈梁有几种截面高度，具体分布在哪些墙体部位，内外墙圈梁宽度是否一致，以便在混凝土体积计算时，确定是否需要分别不同宽度计算。

5）弄清挑檐、阳台、雨篷的墙内平衡梁与相交的连梁或圈梁的连接关系，以便在计算时做到心中有数。

目前，施工图预算的编制主要是围绕工程招投标进行的，工程发标后按照惯例，建设单位一般在3天以内要组织有关方面对图纸进行答疑。因此，预算编制人员在此阶段应抓紧时间看图，对图纸中存在的问题做好记录。看图过程中不要急于计算，避免盲目计算后又有所变化，造成来回调整。但是对"门窗表""构件索引表""钢筋明细表"中的构件及钢筋的规格型号、数量、尺寸，要进行复核。待图纸答疑后，根据"图纸答疑纪要"，对图纸进行全面修正，然后再进行计算。

8.3.4 基础图的识读

基础图一般包括基础平面图、基础详图和设计说明等内容。基础图的图示内容包括如下。

（1）基础平面图。不同类型的基础和柱分别用代号J1、J2……和Z1、Z2……表示。

1）基础平面图的比例应与建筑平面图相同。常用比例为1∶100、1∶200。

2）基础平面图的定位轴线及其编号和轴线之间的尺寸应与建筑平面图一致。

3）从基础平面图上可看出基础墙、柱、基础底面的形状、大小及基础与轴线的尺寸关系。

4）基础梁代号为JL1、JL2……。

（2）基础详图。条形基础，基础详图一般画的是基础的垂直断面图；独立基础，基础详图一般要画出基础的平面图、立面图的断面图。

基础的形状不同时应分别画出其详图，当基础形状仅部分尺寸不同时，也可用一个详图表示，但需标出不同部分的尺寸。

（3）设计说明一般包括地面设计标高、地基的允许承载力、基础的材料强度等级、防潮层的做法及对基础施工的其他要求等。

图8-10所示为某建筑的基础图，以此为例，简单介绍基础图的识读。

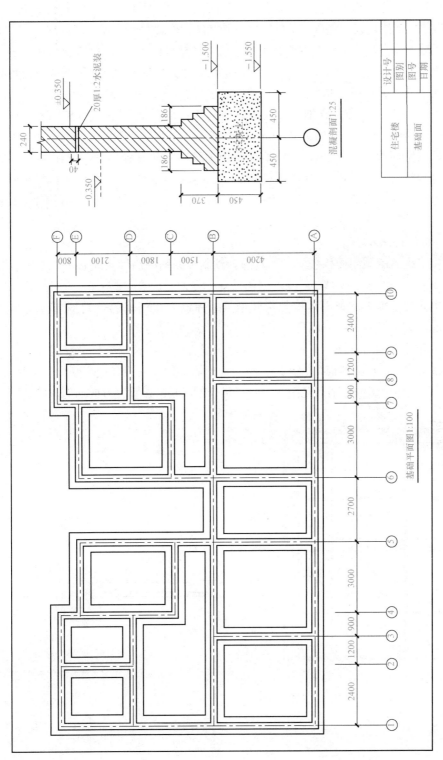

图 8 - 10　某建筑基础图

基础图中有基础平面图及基础详图（带形基础为剖面图）。

基础平面图表达了基础的平面位置及其定位轴线间尺寸。两条粗线之间的距离表示墙基厚度，两条细线之间的距离表示基础垫层的宽度，砖基础大放脚宽度不表示。从图8-10中可以看出，有承重墙下才有基础，无承重墙则没有基础，如楼梯间入口处（E轴线中的5～6段），因无外墙故这段也没有基础，基础平面图中只注轴线尺寸。基础剖切符号依剖视位置而定。

基础详图表达了基础断面形状、用料及其标高、尺寸等。从基础详图中可以看出，该基础为砖砌，下有三层等高式大放脚，大放脚每层高125mm，逐层两边各伸出62mm。砖基础下面设置3：7灰土垫层，垫层宽900mm，厚450mm。垫层底的标高值为－1.950，表示垫层底低于底层室内地面1.950m。室外地坪线用虚线表示，其标高值为－0.350。实际上，垫层底距室外地坪为1.600m，开挖基槽只要挖1.6m深即可。

在底层室内地面以下60mm处，还有一道水平防潮层，防潮层用20mm厚1：2水泥防水砂浆。

8.3.5　结构平面图识读

（1）用粗实线表示预制楼板楼层平面轮廓，预制板的铺设用细实线表示，习惯上把楼板下不可见墙体的虚线改画为实线。

（2）在单元某范围内，画出楼板数量及型号。铺设方式相同的单元预制板用相同的编号，如甲、乙等表示，而不一一画出楼板的布置。

（3）在单元某范围内，画一条对角线，在对角线方向注明预制板数量及型号。

（4）用粗实线画出现浇楼板中的钢筋，同一种钢筋只须画一根。板可画出一个重合断面，表示板的形状、板厚及板的标高（见图8-11）。重合断面是沿板垂直方向剖切，然后翻转90°。

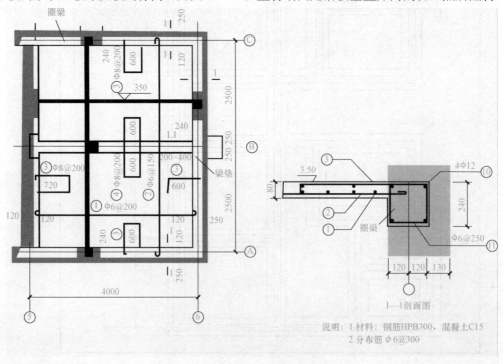

图8-11　现浇楼板中的钢筋表示

（5）楼梯间的结构施工图一般不在楼层结构平面图中画，只用双对角线表示楼梯间。

（6）结构平面图的所有轴线必须与建筑平面图相符。

（7）结构相同的楼层平面图只画一个结构平面图，称为标准层平面图。

8.3.6　钢筋混凝土结构图识读

图 8-12 所示为某建筑的钢筋混凝土结构图，以此为例，简单介绍钢筋混凝土结构图的识读。

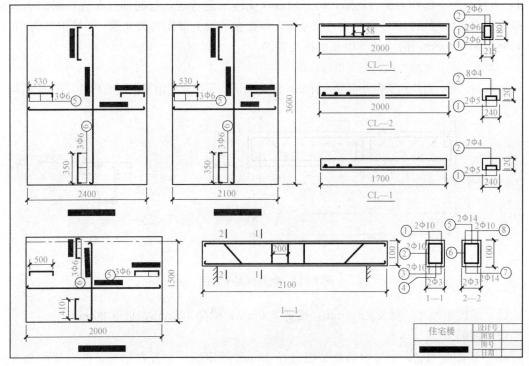

图 8-12　钢筋混凝土结构图

钢筋混凝土结构图表达了现浇板（B-1、B-2、B-3）、过梁（GL-1、GL-2、GL-3）、单梁（L-1）的配筋情况及结构构件具体尺寸。

现浇板配筋图有 B-1、B-2、B-3 共三幅。其中，钢筋以卧倒状态表示。

如 B-1 配筋图，图中表示出 6 种钢筋的数量、直径、间距等。1 号钢筋为 $\phi8@150$，表示 1 号钢筋直径为 8mm，间距为 150mm，沿板的短向布置，在板的下部作为受力钢筋；2 号钢筋为 $\phi8@150$，沿板的长向布置，在板的下部作为受力钢筋；3 号钢筋为 $\phi8@150$，在板的上部作为抵抗支座处负弯矩，在板的两端沿板的短向布置，每根长 500mm，带 90°弯钩；4 号钢筋为 $\phi8@150$，在板的上部作为抵抗支座处负弯矩，在板的两端沿板的长向布置，每根长 550mm，带 90°弯钩；5 号钢筋为 3 根 $\phi6$，作为 3 号钢筋的连系筋，保持 3 号钢筋的间距不变；6 号钢筋为 3 根 $\phi6$，作为 4 号钢筋的连系筋，保持 4 号钢筋间距不变。B-2、B-3 配筋图识读方法同 B-1 配筋图。

过梁配筋图有 GL-1、GL-2、GL-3 共三幅，各有过梁的立面及断面，如 GL-1 配筋图，过梁长 2600mm（洞口宽 2100mm 加 500mm），断面为 115mm×180mm。1 号钢筋为 2 根 $\phi8$，布置在过梁下部作为受力筋；2 号钢筋为 2 根 $\phi6$，布置在过梁上部作为架立筋；3 号钢筋为 14 根 $\phi4$，间距为 200mm，沿过梁长向等距布置作为箍筋。

如 GL-2 配筋图，过梁长 2000mm（洞口宽 1500mm 加 500mm），断面为 240mm×120mm。1 号钢筋为 2 根 φ8，布置在过梁下部作为受力钢筋；2 号钢筋为 8 根 φ4，布置在过梁下部作为 1 号钢筋的连系筋。GL-3 配筋图识读方法同 GL-2 配筋图。

1-1 配筋图只有一幅，表示出 L-1 梁的立面、断面发其配筋情况、梁长 2940mm，断面为 240mm×300mm。1 号钢筋为 2 根 φ14，布置在梁下部作为受力钢筋；2 号钢筋为 1 根 φ14，布置在梁下部作为受力钢筋，但其两端在支座附近弯起，弯起部分布置在梁的上部用以抵抗支座处负弯矩；3 号钢筋为 2 根 φ10，布置在梁的上部作为架立筋；4 号钢筋为 16 根 φ6，间距为 200mm，沿梁长等距布置作为箍筋。

8.3.7 钢筋混凝土构件详图的识读

图 8-13 所示为某建筑钢筋混凝土详图，以此为例，简单介绍钢筋混凝土构件详图的识读。

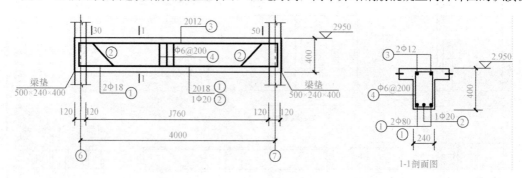

图 8-13 钢筋混凝土详图

（1）梁模板尺寸。梁长 4240mm，梁宽 200mm，梁高 400mm，板厚 80mm。

（2）配筋。

a. 主筋即受力筋，①号钢筋是 2 根直径 18mm 的钢筋，布置在梁底，并在梁的最外侧左右各一根，见 1-1 剖面图，标准为 2φ18；②号钢筋是 1 根直径 20mm 的弯起钢筋，布置在梁底中间部位，标准为 1φ20.

b. 架立筋：架立筋主要起架立作用，③号钢筋是两根直径 12mm 的钢筋，布置在梁的上部靠最外边左右各一根，标准为 2φ12。

c. 箍筋：④号钢筋为箍筋，直径 6mm，间距 200mm，标准为 φ6@200。

（3）支座情况。两端支撑在⑥、⑦轴墙上，支承长度为 240mm，并设有素混凝土梁垫，长 500mm、宽 240mm、高 400mm。

（4）钢筋表。包括构件编号、形状尺寸、规格、根数。

（5）钢筋形状尺寸。钢筋的成型尺寸一般是指外包尺寸。确定钢筋形状和尺寸除计算要求外，一般考虑钢筋的保护层和钢筋的锚固要求等因素。钢筋锚固长度根据有关规范决定。图 8-14 所示表明①、②、④号钢筋成型尺寸。箍筋成型尺寸根据主筋保护层确定。箍筋尺寸注法各设计单位不统一，有的注内皮，有的注外皮。

（6）钢筋的弯钩。带肋钢筋和混凝土结合良好，末端不做弯钩，光圆钢筋要做弯钩。弯钩的设计长度如图 8-15 所示。一个弯钩的长度为 6.25 倍钢筋直径（6.25d），这个长度是设计长度。如图①号钢筋直径为 18，所以弯钩的设计长度约为 120mm（6.25×18），故其设计总长度为外包尺寸加两倍弯钩，即 4440mm（4200+2×120）。

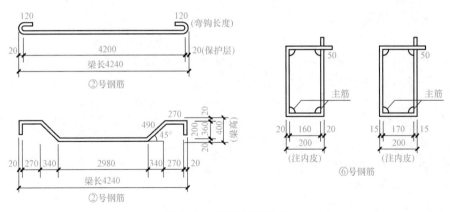

图 8-14　钢筋成型尺寸

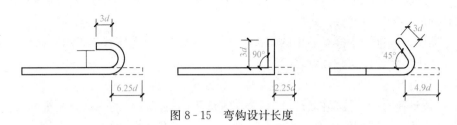

图 8-15　弯钩设计长度

（7）钢筋下料长度。钢筋成型时，由于钢筋弯曲变形，要伸长些，因此施工时实际下料长度应比设计长度缩短。所减长度取决于钢筋直径和弯折角度，直径和弯折角越大，伸长越多，应减长度也就越多，如图 8-16 所示。因此，一个半圆弯钩的实际下料长度应为 $4.65d(6.25-1.5)$，一般可按 $5d$ 计算，如①号钢筋的实际下料长度应为 4380mm（$4200+5\times18\times2$）。

图 8-16　钢筋下料长度

8.4　电气工程识图

8.4.1　电气施工图的组成

电气施工图一般按内容分为基本图和详图两大类，现分别叙述如下。

（1）基本图。基本图是由图纸目录、设计说明、系统图、平面图、立（剖）面图、控制原理图、主要设备材料表等组成的。

1）设计说明。设计说明是图纸的文字解释。内容包括供电方式、电压等级，主要线路敷设形式，以及图中未有表达的各种技术数据、施工和验收要求等。

2）主要设备材料表。主要设备材料表的内容包括各种设备的名称、型号、规格、材质和数量。

3）系统图。系统图是将整个工程的供电线路用单线连接形式示意性地表示的线路图。系统图有以下内容：①整个配电的连接；②主干线与各个分支回路的连接；③主要配电设备的型号、规格；④线路的敷设方式。

4）电气平面图。常用的电气平面图有动力平面图、照明平面图、弱电平面图。电气平面图有以下内容：①建筑物的平面布置、轴线分布、尺寸以及图纸比例；②各种变电、配电设备的编号、名称，各种用电设备的名称、型号以及它们在平面图上的位置；③各种配电线路的起点和终点、敷设方式型号、规格、根数，以及在建筑物中的走向、平面和垂直位置。

5）控制原理图。控制原理图是根据控制电器的工作原理，按规定的线段和图形符号绘制成的电路展开图，控制原理图一般不表示各电气元件的空间位置。

控制原理图的特点是线路简单、层次分明、易于掌握、便于识读和分析研究，是二次配线的依据。控制原理图不是每套图纸都有，只有当工程需要时才绘制。

（2）详图。

1）电气工程详图。电气工程详图是电气设备（配电盘、柜）的布置和安装大样图。大样图上的各部位部注有详细的尺寸。

2）标准图。标准图是具有通用的特殊配件图的合编，里面注有具体图形和详细尺寸。

8.4.2 电气施工图的识读程序

阅读建筑电气施工图，除应了解建筑电气施工图的特点外，还应该按照一定顺序进行阅读。才能比较迅速全面地读懂图纸，以完全实现读图的意图和目的。一套建筑电气施工图所包括的内容比较多，图纸往往有很多张。一般应按以下顺序进行识读。

（1）电气图例符号。熟悉电气图例符号，弄清图例、符号所代表的内容。

（2）识读图纸。电气施工图的识读顺序可以参照表8-8所列的顺序依次进行。

表8-8 电气施工图的识读顺序

顺序	步骤	内　　容
1	看标题栏及图纸目录	了解工程名称项目内容、设计日期等
2	看总说明	了解工程总体概况及设计依据、了解图纸中未能表达清楚的各有关事项。如供电电源的来源、电压等级、线路敷设方式、设备安装高度及安装方式，补充使用的非国标图形符号，施工时应注意的事项等有些分项局部问题是在各分项工程的图纸上说明的，看分项工程图纸时，也要先看设计说明
3	看系统图	各分项工程的图纸中都包含有系统图。如变配电工程的供电系统图。电力工程的电力系统图。电气照明工程的照明系统图以及电缆电视系统图等。看系统图的目的是了解系统的基本组成、主要电气设备、元件等连接关系及它们的规格、型号、参数等，掌握该系统的基本概况
4	看电路图和接线图	了解各系统中用电设备的电气自动控制原理。用来指导设备的安装和控制系统的调试工作。因电路图多是采用功能布局法绘制的，看图时应依据功能关系从上到下或从左至右一个回路、一个回路地阅读。若能熟悉电路中各电器的性能和特点，对读懂图纸将有很大的帮助。在进行控制系统的配线和调校工作中，还可配合阅读接线图和端子图进行
5	看平面布置图	平面布置图是建筑电气工程图纸中的重要图纸之一，如变配电所设备安装平面图（还应有剖面图）、电力平面图、照明平面图、防雷、接地平面图等。都是用来表示设备安装位置、线路敷设部位、敷设方法及所用导线型号、规格、数量、管径大小的，是安装施工、编制工程预算的主要依据图纸，必须熟读。对于施工经验还不太丰富的人员，可对照相关的安装大样图一起阅读

顺序	步骤	内　　容
6	看安装大样图（详图）	安装大样图是按照机械制图方法绘制的用来详细表示设备安装方法的图纸，也是用来指导施工和编制工程材料计划的重要图纸。特别是对于初学安装的人员更显重要，甚至可以说是不可缺少的。安装大样图多是采用全国通用电气装置标准图集
7	看设备材料表	设备材料表给我们提供了该工程所使用的设备、材料的型号、规格和数量，是我们编制购置主要设备、材料计划的重要依据之一

（3）抓住电气施工图要点进行识读。

1）在明确负荷等级的基础上，了解供电电源的来源、引入方式及路数。

2）了解电源的进户方式是由室外低压架空引入还是电缆直埋引入。

3）明确各配电回路的相序、路径、管线敷设部位、敷设方式及导线的型号和根数。

4）明确电气设备、器件的平面安装位置。

（4）结合土建施工图进行阅读。电气施工与土建施工结合得非常紧密，施工中常常涉及各工种之间的配合问题。电气施工平面图只反映了电气设备的平面布置情况，结合土建施工图的阅读，还可以了解电气设备的立体布设情况。

（5）施工顺序。熟悉施工顺序，便于阅读电气施工图。例如，在识读配电系统图、照明与插座平面图时，就应首先了解室内配线的施工顺序。

1）根据电气施工图确定设备安装位置、导线敷设方式、敷设路径及导线穿墙或楼板的位置。

2）结合土建施工进行各种预埋件、线管、接线盒、保护管的预埋。

3）装设绝缘支持物、线夹等，敷设导线。

4）安装灯具、开关、插座及电气设备。

5）进行导线绝缘测试、检查及通电试验。

6）工程验收。

（6）注意事项。阅读图纸的顺序没有统一的规定，可以根据需要，自己灵活掌握并应有所侧重。有时一张图纸需反复阅读多遍。为更好地利用图纸指导施工，使其安装质量符合要求。阅读图纸时，还应配合阅读有关施工及检验规范、质量检验评定标准及全国通用电气装置标准图集，以详细了解安装技术要求及具体安装方法等。

8.4.3　电气照明平面图

（1）照明平面图基础知识。照明平面图主要说明线路和照明器具的平面布置情况、室内电气平面图。

通过电气平面图的识读，可以了解以下内容。

1）建筑物的平面布置、各轴线分布、尺寸及图纸比例。

2）各种变电、配电设备的编号、名称、各用电设备的名称、型号及它们在平面图上的比例。

3）各配电线路的起点和终点、敷设方式、型号、规格、根数及在建筑物中的走向、平面和垂直位置。

（2）照明平面图实例解读。图 8-17 和图 8-18 是某宿舍楼的照明平面图，从这两幅图中可以看出入户配电箱共有 8 条支线，其中第一条是照明回路，第二条至第八条是插座回路。从图 8-17 可以看出，空调插座单独一个回路，厨房插座单独一个回路，这是因为空调、

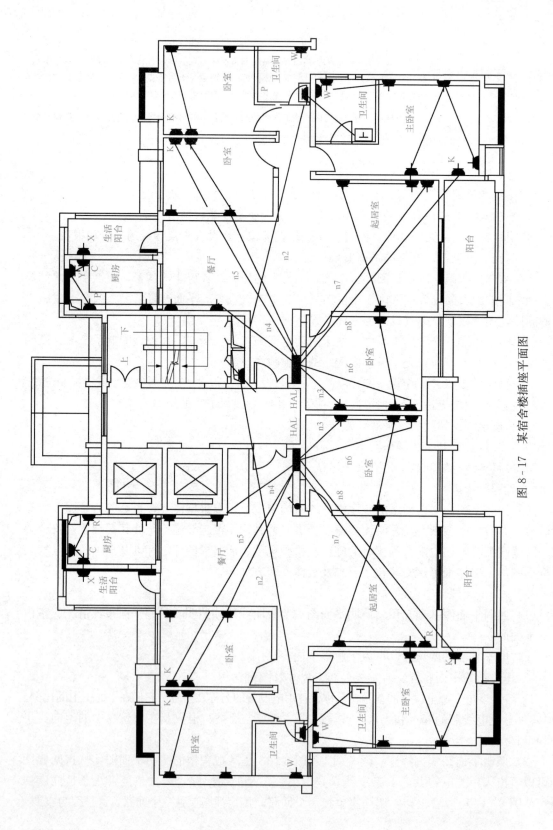

图 8-17 某宿舍楼插座平面图

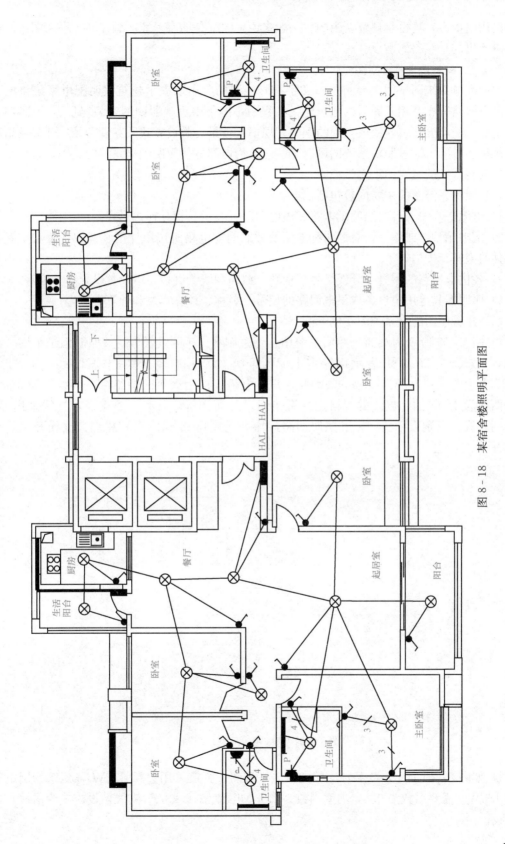

图 8 - 18　某宿舍楼照明平面图

厨房的用电量大，这也是规范要求的。一般来说，图纸是插座、照明画在同一平面图中，在图上看不出的是线路的敷设。

8.4.4 电气照明配电系统图

照明配电系统图是用图形符号、文字符号绘制的，用以表示建筑照明配电系统供电方式、配电回路分布及相互联系的建筑电气工程图，能集中反映照明的安装容量、计算容量、计算电流、配电方式、导线或电缆的型号、规格、数量、敷设方式及穿管管径、开关及熔断器的规格型号等。通过照明系统图可以了解建筑物内部电气照明配电系统的全貌，它也是进行电气安装调试的主要图纸之一。

（1）照明系统图的主要内容包括如下。

1）电源进户线、各级照明配电箱和供电回路，表示其相互连接形式。

2）配电箱型号或编号，总照明配电箱及分照明配电箱所选用计量装置、开关和熔断器等器件的型号、规格。

3）各供电回路的编号，导线型号、根数、截面和线管直径，以及敷设导线长度等。

4）照明器具等用电设备或供电回路的型号、名称、计算容量和计算电流等。

（2）建筑照明配电系统图实例解读。

1）图 8-19 所示为某商场照明系统图，通过图 8-19 可以看出，该照明系统采用一路进线，入户开关 20A/3P 表示用额定电流为 20A 的三相自动开关；VV22-3×6+2×4SC25 表示电缆穿直径为 25mm 的钢管入户，电缆规格为聚氯乙烯绝缘三根线径为 6mm^2 的，两根为 4mm^2 的，电缆的规格选择有错误，后面详解；共有 8 条支线，支线采用 BV 塑料铜芯线，分别设插座回路和照明回路，均衡地接在 A、B、C 三相上；支线开关均为单相开关。

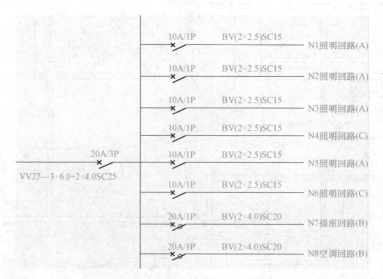

图 8-19　商场照明配电系统图

2）如图 8-20 所示，为某住宅楼的配电系统图。管道采用塑料管 PVC，建筑物用电容量为 12kW，需要系数为 0.8，功率因数为 0.8，电流为 18.23A。支线敷设方式为沿墙、地面暗设。

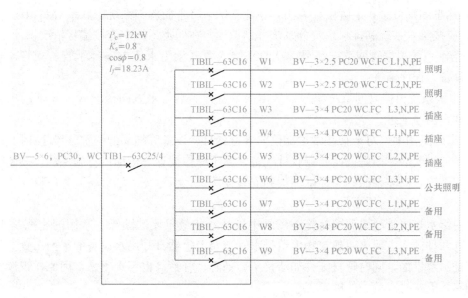

图 8-20 住宅照明系统图

8.5 给水排水工程识图

8.5.1 给水排水施工图的组成

室内给水排水图包括以下内容。

(1) 目录。先列新绘制图纸，后列选用的标准图或重复利用图。

(2) 设计说明。设计说明分别写在有关的图纸上。

(3) 平面图。

1) 底层及标准层主要轴线编号、用水点位置及编号、给水排水管道平面布置、立管位置及编号、底层给水排水管道进出口与轴线位置尺寸和标高。

2) 热交换器站、开水间、卫生间、给水排水设备及管道较多的地方，应有局部放大平面图。

3) 建筑物内用水点较多时，应有各层平面卫生设备、生产工艺用水设备位置和给水排水管道平面布置图。

(4) 系统图。各种管道系统图应表明管道走向、管径、坡度、管长、进出口（起点、末点）标高、各系统编号、各楼层卫生设备和工艺用水设备的连接点位置和标高。在系统图上，应注明室内外标高差及相当于室内底层地面的绝对标高。

(5) 局部设施。当建筑物内有提升、调节或小型局部给水排水处理设施时，应有其平面、剖面及详图，或注明引用的详图、标准图等。

(6) 详图。凡管道附件、设备、仪表及特殊配件需要加工又无标准图可以利用时，应有相应的详图。

8.5.2 给水排水施工图的识读步骤

对于给水排水工程的识读，一般可以参照下面几点进行。

1）熟悉图纸目录，了解设计说明，在此基础上将平面图与系统图联系对照识读。

2）应按给水系统和排水系统分系统分别识读，在同类系统中应按编号依次识读。

a. 给水系统根据管网系统编号，从给水引入管开始沿水流方向经干管、立管、支管直至用水设备，循序渐进。

b. 排水系统根据管网系统编号，从用水设备开始沿排水方向经支管、立管用出管到室外检查井，循序渐进。

3）在施工图中，对于某些常见部位的管道器材、设备等细部的位置、尺寸和构造要求，往往是不加说明的，而是遵循专业设计规范、施工操作规程等标准进行施工的，读图时欲了解其详细做法，尚需参照有关标准图集和安装详图。

8.5.3 给水排水平面图

室内给水排水管道平面图是施工图纸中最基本和最重要的图纸，常用的比例是 1∶100 和 1∶50 两种。它主要表明建筑物内给排水管道及卫生器具和用水设备的平面布置。图上的线条都是示意性的，同时管材配件如活接头、补心、管箍等也不画出来，因此在识读图纸时还必须熟悉给水排水管道的施工工艺。

（1）识读给水排水平面图要点。在识读给水排水平面图时，应该掌握的主要内容和注意事项如下：

1）查明卫生器具、用水设备（开水炉、水加热器等）和升压设备（水泵、水箱等的类型、数量、安装位置、定位尺寸。卫生器具和各种设备通常是用图例画出来的，它只能说明器具和设备的类型，而不能具体表示各部分的尺寸及构造，因此在识读时必须结合有关详图或技术资料，弄清楚器具与设备的构造、接管方式和尺寸。

2）弄清给水引入管和污水排出管的平面位置、走向、定位尺寸、与室外给排水管网的连接形式、管径及坡度等。给水引入管上一般都装有阀门，阀门若设在室外阀门井内，在平面图上就能完整地表示出来。这时，可查明阀门的型号及距建筑物的距离。

污水排出管与室外排水总管的连接，是通过检查井来实现的，要了解排出管的长度，即外墙至检查井的距离。排出管在检查井内通常采用管顶平接。

给水引入管和污水排出管通常都注上系统编号，编号和管道种类分别写在直径为 8～10mm 的圆圈内，圆圈内过圆心画一水平线，线上面标注管道种类，如给水统写"给"或写汉语拼音字母"J"，污水系统写"污"或写汉语拼音字母"W"；线下面标注编号，用阿拉伯数字书写。

3）查明给排水干管、立管、支管的平面位置与走向、管径尺寸及立管编号，从平面图上可清楚地查明是明装还是暗装，以确定施工方法。平面图上的管线虽然是示意性的，但还是有一定比例的，目此估算材料可以结合详图，用比例尺度量进行计算。当一个系统内立管较少时，仅在引入管处进行系统编号；当一个系统中立管较多时，才在每个立管旁边进行编号。

4）消防给水管道要查明消火栓的布置、口径大小及消防箱的形式与位置。消火栓一般装在消防箱内，但也可以装在消防箱外面。

当装在消防箱外面时，消火栓应靠近消防箱安装。消防箱底距地面 1.10m，消防箱有明装、暗装和单门、双门之分，识读时都要注意弄清楚。

除了普通消防系统，在物资仓库、厂房和公共建筑等重要部位，往往设有自动喷洒灭火系统或水幕灭火系统，如果遇到这类系统，除了弄清管路布置、管径、连接方法外，还要查明喷头及其他设备的型号、构造和安装要求。

5）在给水管道上设置水表时，必须查明水表的型号、安装位置及水表前后阀门的设置情况。

6）对于室内排水管道，还要查明清通设备的布置情况，清扫口和检查口的型号和位置。有时为了便于通扫，在适当的位置设有清扫口的弯头和三通，在识读时也要加以考虑。对于大型厂房，特别要注意是否有检查井，检查井进出管的连接方式也要弄清楚。对于雨水管道，要查明雨水斗的型号及布置情况，并结合详图搞清雨水斗与天沟的连接方式。

（2）给水排水平面图识读实例。

如图 8-21 所示，为某建筑卫生间的给水平面图。

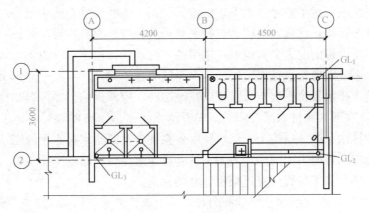

图 8-21　给水平面图

从图 8-21 中，我们可以看出以下内容。

1）厕所内部设有蹲式大便器 4 个、拖布池 1 个、小便槽 1 个。盥洗间有盥洗槽 1 个，淋浴间 2 个。

2）给水管自房屋轴线①和轴线ⓒ相交处的墙角北面入口，通过底层水平干管分三路送到用水处：①第一路通过立管 GL_1 送入大便器和盥洗槽；②第二路通过立管 GL_2 送入小便槽和拖布池；③第三路通过立管 GL_3 送入淋浴间的淋浴喷头。

如图 8-22 所示，为某建筑卫生间的排水平面图。

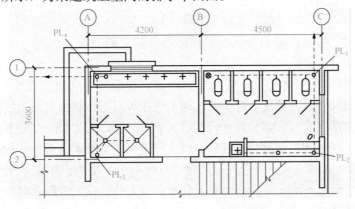

图 8-22　排水平面图

从图 8-22 中，我们可以看出以下内容。

1）排水出户管布置在西北角，靠近室外排水管道，与给水进户管平行设置。

2）为了便于粪便处理，将其排出管布置在房屋的前墙面，直接排到室外排水管道，从而将粪便排出管与淋浴、盥洗排出管分开。

3）也可将粪便排出管先排到室外雨水沟，再由雨水沟排入室外排水管道。

8.5.4 给排水系统图

室内排水系统图是反映室内排水管道及设备的空间关系的图样。室内排水系统从污水收集口开始，经由排水支管、排水干管、排水立管、排出管排出。其图形形成原理与室内给水系统图相同。图中，排水管道用单线图表示，水卫设施用图例表示。

室内排水系统图示意了整个排水系统的空间关系，重要管件在图中也有示意。而许多普通管件在图中并未标注，这就需要读者对排水管道的构造情况有足够了解。有关卫生设备与管线的连接，卫生设备的安装大样也通过索引的方法表达，而不在（也不可能）在系统图中详细画出。排水系统图通常也按照不同的排水系统单独绘制。

（1）识读给水排水系统图要点。在识读系统图时，应掌握的主要内容和注意事项如下。

1）看编号。在看给水排水系统图时，先看给水排水进出口的编号。为了看得清楚，往往将给水系统和排水系统分层绘出。给水排水各系统应对照给水排水平面图，逐个看各个管道系统图。在给排水管网平面图中，表明了各管道穿过楼板、墙的平面位置。而在给水排水管网轴测图中，还表明了各管道穿过楼板、墙的标高。

2）看给水系统。识读给水系统轴测图时，从引入管开始，沿水流方向经过干管、立管、支管到用水设备。在给水系统图上，卫生器具不画出来，水龙头、淋浴器、莲蓬头只画符号；用水设备，如锅炉、热交换器、水箱等则画成示意性立体图，并在支管上注以文字说明。看图时，了解室内给水方式、地下水池和屋顶水箱或气压给水装置的设置情况、管道的具体走向、干管的敷设形式、管井尺寸及变化情况、阀门和设备及引入管和各支管的标高。

3）查明给水管道系统的具体走向，干管的布置方式，管径尺寸及其变化情况，阀门的设置，引入管、干管及各支管的标高。识读时，按引入管、干管、立管、支管及用水设备的顺序进行。

4）看排水系统。识读排水系统轴测图时，可从上而下自排水设备开始，沿污水流向经横支管、立管、干管到总排出管。在排水系统图上，也只画出相应的卫生器具的存水弯或器具排水管。看图时，了解排水管道系统的具体走向，管径尺寸，横管坡度、管道各部位的标高，存水弯的形式、三通设备设置情况，伸缩节和防火圈的设置情况，弯头及三通的选用情况。

5）查明排水管道的具体走向，管路分支情况，管径尺寸与横管坡度，管道各部标高，存水弯形式，清通设备设置情况，弯头及三通的选用等。识读排水管道系统图时，一般按卫生器具或排水设备的存水弯、器具排水管、横支管、立管、排出管的顺序进行。在识读时结合平面图及说明，了解和确定管材及配件。排水管道为了保证水流通畅，根据管道敷设的位置往往选用45°弯头和斜三通，在分支管的变径有时不用大小头而用主管变径三通。存水弯有铸铁和黑铁、P 形和 S 形、带清扫口和不带清扫口之分。在识读图纸时，也要视卫生器具的种类、型号和安装位置确定下来。

6）系统图上对各楼层标高都有注明，识读时可据此分清管路是属于哪一层的管道。支架在图上一般都不表示出来，由施工人员接有关规程和习惯做法自己确定、在识读时应随时把所需支架的数量及规格确定下来，在图上做出标记并做好统计，以便制作和预埋。民用建筑的明装给水管通常要采用管卡、钩钉固定；工厂给水管则多用有钢托架或吊环固定。铸铁排水立管通常用铸铁立管管卡装在铸铁排水管的承口上面；铸铁横管则采用吊环，间距1.5m 左右，吊在承口上。

(2) 给水排水系统图识读实例。如图 8 - 23 所示，为某建筑的给水系统图。

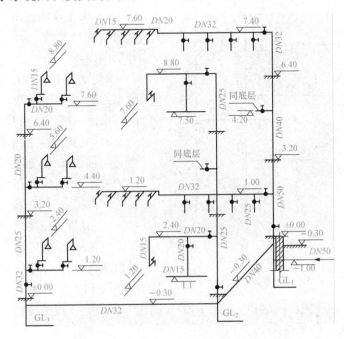

图 8 - 23　给水系统图

结合图 8 - 21 所示的建筑给水平面图，从图 8 - 23 中可以看出以下内容。

1) 该房屋采用的是下行上给直接供水方式。与底层平面图对照，可以找出给水系统的进户管位置。

2) 给水进户管 DN50 上装一闸阀，管中心标高 -1.000m，沿轴线①由东向西穿过外墙 C 进入室内，然后上升至标高 -0.300m 处，通过水平干管分为三路：第一路，从①和 C 相交处直接穿出地面形成 GL₁；第二路，DN40 转弯向南，从地面下至轴线②和 C 处，穿出地面向上形成立管 GL₂；第三路，DN32 转弯向西，在②和 A 相交处穿出地面形成 GL₃。该房屋的这三根给水立管均位于厕所间和盥洗间的墙角处，由下而上依次想一层、二层、三层供水。

3) 立管 GL₁（DN50）在标高 1.000m 处，分出第一层用户支管 DN32，立管变径为 DN32；在标高 4.200m 处，分出第二层用户支管 DN32，立管变径为 DN32；在标高 7.400m 处，立管水平折向北，成为第三层用户支管。各条支管的始端均安装有控制阀门。由于底层、第二层配水管的布置均相同，没有必要全部画出，因此系统图中只详细绘制了底层的配水管网，第二层在立管的分支处断开，并注明"同底层"。

4) 以底层为例，可以看出配水管网的布置如下。①GL₁ 分出支管 DN32，先在大便器向下设配管 DN25，管上均设有冲洗阀。然后支管继续向西，管径为 DN20，装配水龙头。

②GL₂分出支管 $DN20$，先向下设配管 $DN15$，管上均设有冲洗阀。然后支管继续向西，端头处装放水龙头。

5）在第三层，GL₃分出支管 $DN20$，向上装淋浴喷头，标高为 8.800m。

如图 8-24 所示，为某建筑排水系统图。

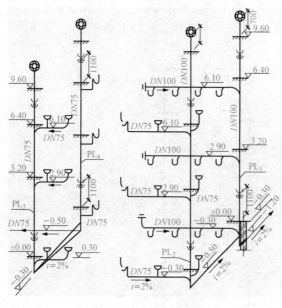

图 8-24　排水系统图

结合图 8-22 的建筑排水平面图，从图 8-24 中可以看出以下内容。

1）由于粪便污水与盥洗、淋浴污水分两路排出室外，所以它们的轴测图也分别画出。

2）立管 PL₁ 位于厕所间的东北角，即①与轴线ⓒ相交处。清扫口和大便器的污水流入横管，再排向立管 PL₁。

3）立管 PL₂ 位于厕所间的东南角，即②与轴线ⓒ相交处。拖布池和小便槽内的废水通过 S 形存水弯（水封）排入横管，再排向立管 PL₂。

4）立管 PL₃ 位于盥洗间的西南角，即②与轴线Ⓐ相交处。淋浴间的污水通过地漏（设存水弯）流向横管，然后排向立管 PL₃。

5）立管 PL₄ 位于盥洗间的西北角，即①与轴线Ⓐ相交处。盥洗槽的污水通过地漏（设存水弯）流向横管，然后排向立管 PL₄。

6）立管 PL₁ 的管径为 $DN100$，通气管穿过屋面标高 9.600m，顶端超出屋面 700mm，设有通气帽。立管的下端标高－1.200m 处接出户管 $DN100$，通向检查井。

立管 PL₄ 的管径为 $DN75$，通气管穿过屋面标高 9.600m，顶端超出屋面 700mm，设有通气帽。立管的下端标高－0.500m 处接出户管 $DN75$，通向检查井。

8.5.5　给水排水详图

室内给水排水工程的详图包括节点图、大样图、标准图，主要是管道节点、水表、消火栓、水加热器、开水炉、卫生器具、过墙套管、排水设备、管道支架等的安装图。这些图都是根据实物用正投影法画出来的，画法与机械制图画法相同。看图时，可了解具体构造尺寸、材料名称和数量，详图可供安装时直接使用。

如图 8-25 所示，为某建筑的室内冷、热水表安装图。

由图 8-25 中，我们可以看出以下内容。

1）水表与阀门直径相同时，可取消补芯。

2）装表前必须排净管内杂物，以防堵塞。

3）水平安装，箭头方向与水流方向一致，并应安装在管理方便、不致冻结、不受污染、不易损坏的地方。

4）介质温度小于 40℃，热水表介质温度小于 100℃，工作压力均为 1.0MPa。

5）一般来说，这种安装方法适用于公称直径 $DN15$～$DN40$ 的水表。

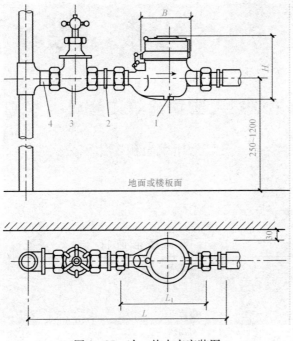

图 8-25　冷、热水表安装图
1—水表；2—补芯；3—铜阀；4—短管

第9章　掌握建筑工程计算规则

9.1　常用求面积、体积公式

9.1.1　平面图形面积

平面图形面积见表 9-1。

表 9-1　　　　　　　　　　　　　　平 面 图 形 面 积

图　形	尺寸符号	面积（A）	重心（G）
正方形	a——边长 d——对角线	$A=a^2$ $a=\sqrt{A}=0.707d$ $d=1.414a=1.414\sqrt{A}$	在对角线交点上
长方形	a——短边 b——长边 d——对角线	$A=a \cdot b$ $d=\sqrt{a^2+^2}$	在对角线交点上
三角形	h——高 l——$\frac{1}{2}$周长 a、b、c——对应角 A、B、C 的边长	$A=\dfrac{bh}{2}=\dfrac{1}{2}ab\sin C$ $l=\dfrac{a+b+c}{2}$	$CD=\dfrac{1}{3}BD$ $CD=DA$
平行四边形	a、b——邻边 h——对边间的距离	$A=b \cdot h=a \cdot b\sin\alpha=\dfrac{AC \cdot BD}{2} \cdot \sin\beta$	在对角线交点上
梯形	$CE=AB$ $AF=CD$ $a=CD$（上底边） $b=AB$（下底边） h——高	$A=\dfrac{a+b}{2} \cdot h$	$HG=\dfrac{h}{3} \cdot \dfrac{a+2b}{a+b}$ $KG=\dfrac{h}{3} \cdot \dfrac{2a+b}{a+b}$
圆形	r——半径 d——直径 p——圆周长	$A=\pi r^2=\dfrac{1}{4}\pi d^2=0.785d^2$ $=0.07958p^2$ $p=\pi d$	在圆心上

图 形		尺寸符号	面积（A）	重心（G）
椭圆形		a、b——主轴	$A=\dfrac{\pi}{4}a\cdot b$	在主轴交点 G 上
扇形		r——半径 s——弧长 a——弧 s 的对应中心角	$A=\dfrac{1}{2}r\cdot s=\dfrac{\alpha}{360}\pi r^2$ $s=\dfrac{\alpha\pi}{180}r$	$GO=\dfrac{2}{3}\cdot\dfrac{rb}{s}$ 当 $\alpha=90°$时 $GO=\dfrac{4}{3}\cdot\dfrac{\sqrt{2}}{\pi}r$ $\approx0.6r$
弓形		r——半径 s——弧长 a——中心角 b——弦长 h——高	$A=\dfrac{1}{2}r^2\left(\dfrac{\alpha\pi}{180}-\sin\alpha\right)=$ $\dfrac{1}{2}\left[r\,(s-b)\,+bh\right]$ $s=r\cdot\dfrac{\pi}{180}=0.0175r\cdot\alpha$ $h=r-\sqrt{r^2-\dfrac{1}{4}a^2}$	$GO=\dfrac{1}{12}\cdot\dfrac{b^2}{A}$ 当 $a=180°$时 $GO=\dfrac{4r}{3\pi}=0.4244r$
圆环		R——外半径 r——内半径 D——外直径 d——内直径 t——环宽 D_{pj}——平均直径	$A=\pi\,(R^2-r^2)=\dfrac{\pi}{4}$ $(D^2-d^2)=\pi\cdot D_{pj}^t$	在圆心 O
部分圆环		R——外半径 r——内半径 D——外直径 d——内直径 R_{pj}——圆环平均半径 t——环宽	$A=\dfrac{\alpha\pi}{360}\,(R^2-r^2)=\dfrac{\alpha\pi}{180}$ $R_{pj}\cdot t$	$GO=38.2\dfrac{R^3-r^3}{R^2-r^2}$ $\times\dfrac{\sin\dfrac{\alpha}{2}}{\dfrac{\alpha}{2}}$
新月形		$OO_1=L$——圆心间的距离 d——直径	$A=r^2\left(\pi-\dfrac{\pi}{180}\alpha+\sin\alpha\right)=$ $r^2\cdot P$ $P=\pi-\dfrac{\pi}{180}\alpha+\sin\alpha$ P 值见下表	$O_1G=\dfrac{(\pi-P)\,L}{2P}$

L	$\dfrac{d}{10}$	$\dfrac{2d}{10}$	$\dfrac{3d}{10}$	$\dfrac{4d}{10}$	$\dfrac{5d}{10}$	$\dfrac{5d}{10}$	$\dfrac{7d}{10}$	$\dfrac{8d}{10}$	$\dfrac{9d}{10}$
P	0.40	0.79	1.18	1.56	1.91	2.25	2.55	2.81	3.02

图　　形	尺寸符号	面积（A）	重心（G）
抛物线形	b——底边 h——高 l——曲线长 S——$\triangle ABC$ 的面积	$l=\sqrt{b^2+1.3333h^2}$ $A=\dfrac{2}{3}b\cdot h=\dfrac{4}{3}\cdot S$	
等边多边形	a——边长 K_i——系数，i 指多边形的边数 R——外接圆半径 P_i——系数，i 指正多边形的边数	$A_i=K_i\cdot a^2=P_i\cdot R^2$ 正三边形 $K_3=0.433$，$P_3=1.299$ 正四边形 $K_4=1.000$，$P_4=2.000$ 正五边形 $K_5=1.720$，$P_5=2.375$ 正六边形 $K_6=2.598$，$P_6=2.598$ 正七边形 $K_7=3.634$，$P_7=2.736$ 正八边形 $K_8=4.828$，$P_8=2.828$ 正九边形 $K_9=6.182$，$P_9=2.893$ 正十边形 $K_{10}=7.694$，$P_{10}=2.939$ 正十一边形 $K_{11}=9.364$，$P_{11}=2.973$ 正十二边形 $K_{12}=11.196$，$P_{12}=3.000$	在内接圆心或外接圆心处

9.1.2　多面体的体积和表面积

多面体的体积和表面积见表 9-2。

表 9-2　　　　　　　　　　　　多面体的体积和表面积

图　　形	尺寸符号	体积（V）底面积（A） 表面积（S）侧表面积（S_1）	重心（G）
立方体	a——棱 d——对角线 S——表面积 S_1——侧表面积	$V=a^3$ $S=6a^2$ $S_1=4a^2$	在对角线交点上

图 形	尺寸符号	体积（V） 底面积（A） 表面积（S） 侧表面积（S_1）	重心（G）
长方体（棱柱）	a、b、h——边长 O——底面对角线交点	$V=a \cdot b \cdot h$ $S=2 (a \cdot b+a \cdot h+b \cdot h)$ $S_1=2h (a+b)$ $d=\sqrt{a^2+b^2+h^2}$	$GO=\dfrac{h}{2}$
三棱柱	a、b、c——边长 h——高 A——底面积 O——底面中线的交点	$V=A \cdot h$ $S= (a+b+c) \cdot h+2A$ $S_1= (a+b+c) \cdot h$	$GO=\dfrac{h}{2}$
棱锥	f——一个组合三角形的面积 n——组合三角形的个数 O——锥底各对角线交点	$V=\dfrac{1}{3}A \cdot h$ $S=n \cdot f+A$ $S_1=n \cdot f$	$GO=\dfrac{h}{4}$
棱台	A_1、A_2——两平行底面的面积 h——底面间的距离 a——一个组合梯形的面积 n——组合梯形数	$V = \dfrac{1}{3} h (A_1 + A_2 + \sqrt{A_1 A_2})$ $S=an+A_1+A_2$ $S_1=an$	$GO=\dfrac{h}{4} \times$ $\dfrac{A_1+2\sqrt{A_1 A_2}+3A_2}{A_1+\sqrt{A_1 A_2}+A_2}$
圆柱和空心圆柱（管）	R——外半径 r——内半径 t——柱壁厚度 P——平均半径 S_1——内外侧面	圆柱： $V=\pi R^2 \cdot h$ $S=2\pi Rh+2\pi R^2$ $S_1=2\pi Rh$ 空心直圆柱： $V = \pi h (R^2 - r^2)$ $=2\pi RPth$ $S=2\pi (R+r) h+2\pi \times (R^2-r^2)$ $S_1=2\pi (R+r) h$	$GO=\dfrac{h}{2}$
斜截直圆柱	h_1——最小高度 h_2——最大高度 r——底面半径	$V=\pi r^2 \cdot \dfrac{h_1+h_2}{2}$ $S = \pi r (h_1 + h_2) + \pi r^2 \times \left(1+\dfrac{1}{\cos\alpha}\right)$ $S_1=\pi r (h_1+h_2)$	$GO=\dfrac{h_1+h_2}{4}+$ $\dfrac{r^2 \mathrm{tg}^2\alpha}{4 (h_1+h_2)}$ $GK = \dfrac{1}{2} \cdot \dfrac{r^2}{h_1+h_2}$ $\cdot \tan\alpha$

151

图 形	尺寸符号	体积（V）底面积（A）表面积（S）侧表面积（S_1）	重心（G）
直圆锥	r——底面半径 h——高 l——母线长	$V=\dfrac{1}{3}\pi r^2 h$ $S_1=\pi r\sqrt{r^2+h^2}=\pi rl$ $l=\sqrt{r^2+h^2}$ $S=S_1+\pi r^2$	$GO=\dfrac{h}{4}$
圆台	R、r——底面半径 h——高 l——母线	$V=\dfrac{\pi h}{3}\cdot(R^2+r^2+Rr)$ $S_1=\pi l(R+r)$ $l=\sqrt{(R-r)^2+h^2}$ $S=S_1+\pi(R^2+r^2)$	$GO=\dfrac{h}{4}\times$ $\dfrac{R^2+2Rr+3r^2}{R^2+Rr+r^2}$
球	r——半径 d——直径	$V=\dfrac{4}{3}\pi r^2=$ $\dfrac{\pi d^3}{6}=0.5236d^3$ $S=4\pi r^2=\pi d^2$	在球心上
球扁形 （球楔）	r——球半径 d——弓形底圆直径 h——弓形高	$V=\dfrac{2}{3}\pi r^2 h=2.0944r^2 h$ $S=\dfrac{\pi r}{2}(4h+d)=$ $1.57r(4h+d)$	$GO=\dfrac{3}{4}\left(r-\dfrac{h}{2}\right)$
球缺	h——球缺的高 r——球缺半径 d——平切圆直径 $S_{曲}$——曲面面积 S——球缺表面积	$V=\pi h^2\left(r-\dfrac{h}{3}\right)$ $S_{曲}=2\pi rh=\pi\left(\dfrac{d^2}{4}+h^2\right)$ $S=\pi h(4r-h)$ $d^2=4h(2r-h)$	$GO=\dfrac{3}{4}\cdot\dfrac{(2r-h)^2}{3r-h}$
圆环体	R——圆环体平均半径 D——圆环体平均直径 d——圆环体截面直径 r——圆环体截面半径	$V=2\pi^2 R\cdot r^2=\dfrac{1}{4}\pi^2 Dd^2$ $S=4\pi^2 Rr=$ $\pi^2 Dd=39.478Rr$	在环中心上
球带体	R——球半径 r_1、r_2——底面半径 h——腰高 h_1——球心O至带底圆心O_1的距离	$V=\dfrac{\pi h}{b}(3r_1^2+3r_2^2+h^2)$ $S_1=2\pi Rh$ $S=2\pi Rh+\pi(r_1^2+r_2^2)$	$GO=h_1+\dfrac{h}{2}$

图　　形	尺寸符号	体积（V）底面积（A） 表面积（S）侧表面积（S_1）	重心（G）
桶形	D——中间断面直径 d——底直径 l——桶高	对于抛物线形桶板：$V=$ $\dfrac{\pi l}{15}\times\left(2D^2+Dd+\dfrac{4}{3}d^2\right)$ 对于圆形桶板： $V=\dfrac{1}{12}\pi l\left(2D^2+d^2\right)$	在轴交点上
椭球体	a、b、c——半轴	$V=\dfrac{4}{3}abc\pi$ $S=2\sqrt{2}\cdot b\cdot\sqrt{a^2+b^2}$	在轴交点上
交叉圆柱体	r——圆柱半径 l_1、l——圆柱长	$V=\pi r^2\left(l+l_1-\dfrac{2r}{3}\right)$	在二轴线交点上
梯形体	a、b——下底边长 a_1、b_1——上底边长 h——上、下底边距离（高）	$V=\dfrac{h}{6}\left[\left(2a+a_1\right)b+\left(2a_1+a\right)b_1\right]=\dfrac{h}{6}\left[ab+\left(a+a_1\right)\left(b+b_1\right)+a_1b_1\right]$	

9.1.3 物料堆体积计算

物料堆体积计算见表 9-3。

表 9-3　　　　　　　　　　**物　料　堆　体　积　计　算**

圆　　　　　形	计　算　公　式
	$V\left[ab-\dfrac{H}{\tan\alpha}\left(a+b-\dfrac{4H}{3\tan\alpha}\right)\right]\times H$ α——物料自然堆积角
	$a=\dfrac{2H}{\tan\alpha}$ $V=\dfrac{aH}{6}\left(3b-a\right)$
	V_0（延米体积）$=\dfrac{H^2}{\tan\alpha}+bH-\dfrac{b^2}{4}\tan\alpha$

9.2 土石方工程计算

9.2.1 土壤及岩石的分类

因各个建筑物、构筑物所处的地理位置不同，其土壤的强度、密实性、透水性等物理性质和力学性质也有很大差别，这就直接影响到土石方工程的施工方法。因此，单位工程土石方所消耗的人工数量和机械台班就有很大差别，综合反映的施工费用也不相同。所以，正确区分土石方的类别，对于能否准确地进行造价编制关系很大。

无论是定额还是清单规范，其土壤及岩石的分类都是按照"土壤及岩石（普氏）分类表"来进行划分的，详见表 9-4。

表 9-4　　　　　　　　　　　　土壤及岩石（普氏）分类表

定额分类	普氏分类	土壤及岩石名称	天然湿度下平均表观密度（kg/m³）	极限压碎强度（kg/cm²）	用轻钻孔机钻进 1m 耗时（mm）	开挖方法及工具	紧固系数 f
一、二类土壤	I	砂	1500			用尖锹开挖	0.5～0.6
		砂壤土	1600				
		腐殖土	1200				
		泥炭	600				
	II	轻壤和黄土类土	1600			用锹开挖并少数用镐开挖	0.6～0.8
		潮湿而松散的黄土，软的盐渍土和碱土	1600				
		平均 15mm 以内的松散而软的砾石	1700				
		含有草根的实心密实腐殖土	1400				
		含有直径在 30mm 以内根类的泥炭和腐殖土	1100				
		掺有卵石、碎石和石屑的砂与腐殖土	1650				
		含有卵石或碎石杂质的胶结成块的填土	1750				
		含有卵石、碎石和建筑料杂质的砂壤土	1900				

续表

定额分类	普氏分类	土壤及岩石名称	天然湿度下平均表观密度（kg/m³）	极限压碎强度（kg/cm²）	用轻钻孔机钻进1m耗时（mm）	开挖方法及工具	紧固系数 f
三类土壤	Ⅲ	肥黏土其中包括石炭纪、侏罗纪的黏土和冰黏土	1800				0.8~1.0
		重壤土、粗砾石，粒径为15~40mm的碎石和卵石	1750				
		干黄土和掺有碎石或卵石的自然含水量黄土	1790				
		含有直径大于30mm根类的腐殖土或泥炭	1400				
		掺有碎石或卵石和建筑碎料的土壤	1900			用尖锹并同时用镐和撬棍开挖（30%）	
四类土壤	Ⅳ	土含碎石重黏土，其中包括侏罗和石英纪的硬黏土	1950				1.0~1.5
		含有碎石、卵石、建筑碎料和重达25kg的顽石（总体积10%以内）等杂质的肥黏土和重壤土	1950				
		冰渍黏土，含有重量在50kg以内的巨砾，其含量为总体积10%以内	2000				
		泥板岩	2000				
		不含或含有重达10kg的顽石	1950				
松石	Ⅴ	含有重量在50kg以内的巨砾（占体积10%以上）的冰渍石	2100	小于200	小于3.5	部分用手凿工具，部分用爆破来开挖	1.5~2.0
		砂藻岩和软白垩岩	1800				
		胶结力弱的砾岩	1900				
		各种不坚实的片岩	2600				
		石膏	2200				
次坚石	Ⅵ	凝灰岩和浮石	1100	200~400	3.5	用风镐和爆破法开挖	2~4
		松软多孔和裂隙严重的石灰与介质石灰岩	1200				
		中等硬变的片岩	2700				
		中等硬变的泥灰岩	2300				

定额分类	普氏分类	土壤及岩石名称	天然湿度下平均表观密度（kg/m³）	极限压碎强度（kg/cm²）	用轻钻孔机钻进1m耗时（mm）	开挖方法及工具	紧固系数 f
次坚石	Ⅶ	石灰石胶结的带有卵石和沉积岩的砾石	2200	400～600	6.0		4～6
		风化和有大裂缝的黏土质砂岩	2000				
		坚实的泥板岩	2800				
		坚实的泥灰岩	2500				
	Ⅷ	砾质花岗岩	2300	600～800	8.5		6～8
		泥灰质石灰岩	2300				
		黏土质砂岩	2200				
		砂质云母片岩	2300				
		硬石膏	2900				
普坚石	Ⅸ	严重风化的、软弱的花岗岩、片麻岩和正长岩	2500	800～1000	11.5	用风镐和爆破法开挖	8～10
		滑石化的蛇纹岩	2400				
		致密的石灰岩	2500				
		含有卵石、沉积岩的渣质胶结的砾岩	2500				
		砂岩	2500				
		砂质石灰质片岩	2500				
		菱镁矿	3000				
	Ⅹ	白云石	2700	1000～1200	15.5		10～12
		坚固的石灰岩	2700				
		大理石	2700				
		石灰胶结的致密砾石	2600				
		坚固砂质片岩	2600				
	Ⅺ	粗花岗岩	2800	1200～1400	18.5		12～14
		非常坚硬的白云岩	2900				
		蛇纹岩	2600				
		石灰质胶结的含有火成岩之卵石的砾石	2800				
		石英胶结的坚固砂岩	2700				
		粗粒正长岩	2700				

续表

定额分类	普氏分类	土壤及岩石名称	天然湿度下平均表观密度（kg/m³）	极限压碎强度（kg/cm²）	用轻钻孔机钻进 1m 耗时（mm）	开挖方法及工具	紧固系数 f
普坚石	XII	具有风化痕迹的安山岩和玄武岩	2700	1400~1600	22.0	用风镐和爆破法开挖	14~16
		片麻岩	2600				
		非常坚固的石灰岩	2900				
		硅质胶结的含有火成岩之卵石的砾石	2900				
		粗石岩	2600				
	XIII	中粒花岗岩	3100	1600~1800	27.5		16~18
		坚固的片麻岩	2800				
		辉绿岩	2700				
		玢岩	2500				
		坚固的粗面岩	2800				
		中粒正长岩	2800				
	XIV	非常坚硬的细粒花岗岩	3300	1800~2000	32.5		18~20
		花岗岩麻岩	2900				
		闪长岩	2900				
		高硬度的石灰岩	3100				
		坚固的玢岩	2700				
	XV	安山岩、玄武岩、坚固的角页岩	3100	2000~2500	46.5		20~25
		高硬度的辉绿岩和闪长岩	2900				
		坚固的辉长岩和石英岩	2800				
	XXI	拉长玄武岩和橄榄玄武岩	3300	大于 2500	大于 60		大于 25
		特别坚固的辉长辉绿岩、石英石和玢岩	3300				

9.2.2 土石方工程计算常用数据

（1）干土、湿土的划分。土方工程由于基础埋置深度和地下水位的不同及受到季节施工的影响，出现干土与湿土之分。

干土、湿土的划分，应根据地质勘察资料中地下常水位为划分标准，地下常水位以上为干土，以下为湿土。如果采用人工（集水坑）降低地下水位时，干土、湿土的划分仍以常水位为准；当采用井点降水后，常水位以下的土不能按湿土计算，均按干土计算。

（2）沟槽、基坑划分条件。为了满足实际施工中各类不同基础的人工土方工程开挖需要，准确地反映实际工程造价，一般情况下企业定额将人工挖坑槽工程划分为人工挖地坑、人工挖地槽、人工挖土方、山坡切土及挖流沙淤泥等项目。山坡切土和挖流沙淤泥项目较好确定，其余三个项目的划分条件见表 9-5。

表 9-5　　　　　　　　　　人工挖地坑、地槽、土方划分条件表

项目 划分条件	坑底面积（m²）	槽底宽度（m）
人工挖地坑	≤20	—
人工挖地槽	—	≤3，且槽长大于槽宽 3 倍以上
人工挖土方	>20	>3
	人工场地平整平均厚度在 30cm 以上的挖土	

注：坑底面积、槽底宽度不包括加宽工作面的尺寸。

（3）放坡及放坡系数。

1）放坡。不管是用人工或是机械开挖土方，在施工时为了防止土壁坍塌都要采取一定的施工措施，如放坡、支挡板或打护坡桩。放坡是施工中较常用的一种措施。

当土方开挖深度超过一定限度时，将上口开挖宽度增大，将土壁做成具有一定坡度的边坡，防止土壁坍塌，在土方工程中称为放坡。

2）放坡起点。实践经验表明：土壁稳定与土壤类别、含水率和挖土深度有关。放坡起点，就是指某类别土壤边壁直立不加直撑开挖的最大深度，一般是指设计室外地坪标高至基础底标高的深度。放坡起点应根据土质情况确定。

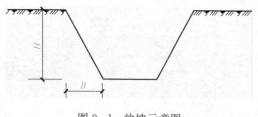

图 9-1　放坡示意图

3）放坡系数。将土壁做成一定坡度的边坡时，土方边坡的坡度，以其高度 H 与边坡宽度 B 之比来表示。如图 9-1 所示。即

$$土方坡度 = \frac{H}{B} = \frac{1}{\left(\frac{B}{H}\right)} = 1 : \frac{B}{H}$$

设 $K = \dfrac{B}{H}$，得

$$土方坡度 = 1 : K$$

故称 K 为放坡系数。

放坡系数的大小通常由施工组织设计确定，如果施工组织设计无规定时也可由当地建设主管部门规定的土壤放坡系数确定。表 9-6 为某地区规定的挖土方、地槽、地坑的放坡起点及放坡系数表。

表 9 - 6　　　　　　　　　　　　　　　**放坡起点及放坡系数表**

土壤类别	放坡起点（m）	人工挖土	机械挖土（1∶K）	
			在坑内作业	在坑上作业
一、二类土	1.20	1∶0.50	1∶0.33	1∶0.75
三类土	1.50	1∶0.33	1∶0.25	1∶0.67
四类土	2.00	1∶0.25	1∶0.10	1∶0.33

注：1. 在同一槽，坑或沟内如遇土壤类别不同时，分别按其放坡起点、放坡系数、依不同土壤厚度加权平均计算其放坡系数。

2. 计算放坡时，交接外的重复工程量不予扣除，原槽坑作基础垫层时，故坡自垫层上表面开始计算。

3. 如果在同一地槽、地坑或管道淘内，有几种土层较薄且类别不同的土壤时，可计算加权放坡系数。

【例 9 - 1】 已知开挖深度 $H = 2.2$m，槽底宽度 $A = 2.0$m，土质为三类土，采用人工开挖。试确定上口开挖宽度是多少？

解： 查表 9-6 可知，三类土放坡起点深度 $h = 1.5$m，人工挖土的坡度系数 $K = 0.33$。由于开挖深度 H 大于放坡起点深度 h，故采取放坡开挖。

a. 每边边坡宽度 B。

$$B = KH = 0.33 \times 2.2 = 0.73 \text{（m）}$$

b. 上口开宽度 A'

$$A' = A + 2B = 2.0 + 2 \times 0.73 = 3.46 \text{（m）}$$

【例 9 - 2】 已知某基坑开挖深度 $H = 10$m。其中，表层土为一、二类土，厚 $h_1 = 2$m，中层土为三类土，厚 $h_2 = 5$m；下层土为四类土，厚 $h_3 = 3$m。采用正铲挖土机在坑底开挖。试确定其坡度系数。

解： 对于这种在同一坑内有三种不同类别土壤的情况，根据有关规定应分别按其放坡起点、放坡系数、依不同土壤厚度加权平均计算其放坡系数。

查表 9-6 可知，一、二类土坡度系数 $K_1 = 0.33$；三类土坡系数 $K_2 = 0.25$；四类土坡度系数 $K_3 = 0.10$。

综合坡度系数

$$K = \frac{K_1 h_1 + K_2 h_2 + K_3 h_3}{H} = \frac{0.33 \times 2 + 0.25 \times 5 + 0.10 \times 3}{10} = 0.22$$

（4）工作面。根据基础施工的需要，挖土时按基础垫层的双向尺寸向周边放出一定范围的操作面积，作为工人施工时的操作空间，这个单边放出的宽度，就称为工作面。

基础工程施工时所需要增设的工作面，应根据已批准的施工组织设计确定。但在编制工程造价时，则应按企业定额规定计算。如某企业定额规定工作面增加如下。

1）砖基础每边增加工作面 20cm。

2）浆砌毛石、条石基础每边增加工作面 15cm。

3）混凝土基础或垫层需支模板时，每边增加工作面 30cm。

4）基础垂直面做防水层时，每边增加工作 80cm（防水层面）。

（5）其他需要注意的事项。

1）当开挖深度超过放坡起点深度时，可以采用放坡开挖，也可以采用支挡土板开挖或采取其他的支护措施。编制造价时应根据已批准的施工组织设计规定选定，如果施工组织设计无规定，则均应按放坡开挖编制造价。

2）企业定额内所列的放坡起点、坡度系数、工作面，仅作为编制造价时计算土方工程量使用。实际施工中，应根据具体的土质情况和挖土深度，按照安全操作规程和施工组织设计的要求放坡和设置工作面，以保证施工安全和操作要求。实际施工中，无论是否放坡、放坡系数多少，均按企业定额内的放坡系数计算工程量，不得调整。企业定额与实际工作面差异所发生的土方量差，也不允许调整。

3）当造价内计算了放坡工程量后，实际施工中由于边坡坡度不足所造成的边坡塌方，其经济损失应由承包商承担，工程合同工期也不得顺延；发生的边坡小面积支挡土板，也不得套用支挡土板计算费用，其费用由承包商承担。

4）当开挖深度超过放坡起点深度，而实际施工中某边土壁又无法采用放坡施工（例如，与原有建筑物或道路相临一侧的开挖、稳定性较差的杂填土层的开挖等），确需采用支挡土板开挖时，必须有相应的已批准的施工组织设计，方可按支挡土板开挖编制工程造价；否则，不论实际是否需要采用支挡土板开挖，均按放坡开挖编制，支挡土板所用工料不得列入工程造价。

5）计算支挡土板开挖的挖土工程量时，按图示槽、坑底宽度尺寸每边各增加工作面10cm计算。这10cm为支挡土板所占宽度。

6）已批准的施工组织设计采用护坡桩或其他方法支护时，不得再按放坡或支挡土板开挖编制造价。但是，打护坡桩或其他支护应另列项目计算。

9.2.3 人工与机械土石方计算说明

（1）人工土石方。

1）人工挖地槽、地坑定额深度最深为6mm。超过6mm时，可另作补充定额。

2）人工土方定额是按干土编制的，如挖湿土时，人工乘以系数1.18。干湿的划分，应根据地质勘测资料以地下常水位为准划分，地下常水位以上为干土，以下为湿土。

3）人工挖孔桩定额，适用于在有安全防护措施的条件下施工。

4）定额中未包括地下水位以下施工的排水费用，发生时另行计算。挖土方时如有地表水需要排除，也应另行计算。

5）支挡土板定额项目分为密撑和疏撑。密撑是指满支挡土板，疏撑是指间隔支挡土板。实际间距不同时，定额不做调整。

6）在有挡土板支撑下挖土方时，按实挖体积，人工乘以系数1.43。

7）挖桩间土方时，按实挖体积（扣除桩体占用体积），人工乘以系数1.5。

8）人工挖孔桩，桩内垂直运输方式按人工考虑。如深度超过12m时，16m以内按12m项目人工用量乘以系数1.3；20m以内乘以系数1.5计算。同一孔内土壤类别不同时，按定额加权计算；如遇有流砂、流泥时，另行处理。

9）场地竖向布置挖填土方时，不再计算平整场地的工程量。

10）石方爆破定额是按炮眼法松动爆破编制的，不分明炮、闷炮，但闷炮的覆盖材料应另行计算。

11）石方爆破定额是按电雷管导电起爆编制的，如采用火雷管爆破时，雷管应换算，数量不变。扣除定额中的胶质导线，换为导火索，导火索的长度按每个雷管2.12m计算。

（2）机械土石方。

1）岩石分类，详见"土壤、岩石分类表"。表列 V 类为定额中松石，Ⅵ～Ⅷ类为定额中次坚石，Ⅸ，Ⅹ类为定额中普坚石，Ⅺ～Ⅻ类为特坚石。

2）推土机推土、推石碴，铲运机铲运土重车上坡时，如果坡度大于 5％时，其运距按坡度区段斜长乘以表 9-7 中的系数计算。

表 9-7　　　　　　　　　　　　　不同坡度时的运距计算系数

坡度（%）	5～10	15 以内	20 以内	25 以内
系数	1.75	2.0	2.25	2.50

3）汽车、人力车、重车上坡降效因素，已综合在相应的运输定额项目中，不再另行计算。

4）机械挖土方工程量，按机械挖土方 90％、人工挖土方 10％计算；人工挖土部分按相应定额项目人工乘以系数 2。

5）土壤含水率定额是按天然含水率为准制定：含水率大于 25％时，定额人工、机械乘以系数 1.15；若含水率大于 40％时另行计算。

6）推土机推土或铲运机铲土土层平均厚度小于 300mm 时，推土机台班用量乘以系数 1.25，铲运机台班用量乘以系数 1.17。

7）挖掘机在垫板上进行作业时，人工、机械乘以系数 1.25，定额内不包括垫板铺设所需的工料、机械消耗。

8）推土机、铲运机，推、铲未经压实的积土时，按定额项目乘以系数 0.73。

9）机械土方定额是按三类土编制的。如实际土壤类别不同时，定额中机械台班量乘以表 9-8 中的系数。

表 9-8　　　　　　　　　　　　不同土壤类别时的机械台班计算系数

项目	一、二类土壤	四类土壤
推土机推土方	0.84	1.18
铲运机铲土方	0.84	1.26
自行铲运机铲土方	0.86	1.09
挖掘机挖土方	0.84	1.14

10）定额中的爆破材料是按炮孔中无地下渗水、积水编制的。炮孔中若出现地下渗水、积水时，处理渗水或积水发生的费用另行计算。定额内未计爆破时所需覆盖的安全网、草袋、架设安全屏障等设施，发生时另行计算。

11）机械上下行驶坡道土方，合并在土方工程量内计算。

12）汽车运土运输道路是按一、二、三类道路综合确定的，已考虑了运输过程中道路清理的人工；当需要铺筑材料时，另行计算。

9.2.4　土石方工程量计算一般规则

（1）土方体积，均以挖掘前的天然密实体积为准计算。当遇有必须以天然密实体积折算时，可按表 9-9 所列数值换算。

表 9 - 9 土 方 体 积 折 算 表

虚方体积	天然密实度体积	夯实后体积	松填体积
1.00	0.77	0.67	0.83
1.30	1.00	0.87	1.08
1.50	1.15	1.00	1.25
1.20	0.92	0.80	1.00

（2）挖土一律以设计室外地坪标高为准计算。

9.2.5 挖掘沟槽、基坑土方工程量计算

（1）沟槽、基坑划分。

凡图示沟槽底宽在3m以内且沟槽长大于槽宽三倍以上的，为沟槽。

凡图示基坑底面积在20m²以内的为基坑。

凡图示沟槽底宽3m以外，坑底面积20m²以外，平整场地挖土方厚度在30cm以外，均按挖土方计算。

（2）计算挖沟槽、基坑、土方工程量需放坡时，放坡系数按表9-6规定计算。

（3）挖沟槽、基坑需支挡土板时，其宽度按图示沟槽、基坑底宽，单面加10cm，双面加20cm计算。挡土板面积，按槽、坑垂直面的支撑面积计算。支挡土板后，不得再计算放坡。

（4）基础施工所需工作面，按表9-10规定计算。

表 9 - 10 基础施工所需工作面宽度计算表

基础材料	每边增加工作面宽度（mm）
砖基础	200
浆砌毛石、条石基础	150
混凝土基础垫层支模板	300
混凝土基础支模板	300
基础垂直面作防水层	800（防水层面）

（5）挖沟槽长度，外墙按图示中心线长度计算，内墙按图示基础底面之间净长线长度计算；内外凸出部分（垛、附墙烟囱等）体积并入沟槽土方工程量内计算。

（6）人工挖土方深度超过1.5m时，按表9-11增加工日。

表 9 - 11 人工挖土方超深增加工日表（单位：100m³）

深2m以内	深4m以内	深6m以内
5.55 工日	17.60 工日	26.16 工日

（7）挖管道沟槽按图示中心线长度计算。沟底宽度，设计有规定的，按设计规定尺寸计算；设计无规定的，可按表9-12规定宽度计算。

表 9 - 12　　　　　　　　　　　　　　　　管道地沟沟底宽度计算表　　　　　　　　　　　　　单位：m

管径（mm）	铸铁管、钢管、石棉水泥管	混凝土、钢筋混凝土、预应力混凝土管	陶土管
50～70	0.60	0.80	0.70
100～200	0.70	0.90	0.80
250～350	0.80	1.00	0.90
400～450	1.00	1.30	1.10
500～600	1.30	1.50	1.40
700～800	1.60	1.80	—
900～1000	1.80	2.00	—
1100～1200	2.00	2.30	—
1300～1400	2.20	2.60	—

注：1. 按上表计算管道沟土方工程量时，各种井类及管道（不含铸铁给排水管）接口等处需加宽，增加的土方量不另行计算。底面积大于 20m² 的井类，其增加工程量并入管沟土方内计算。

　　2. 铺设铸铁给水排水管道时，其接口等处土方增加量，可按铸铁给水排水管道地沟土方总量的 2.5% 计等。

（8）沟槽、基坑深度，按图示槽、坑底面至室外地坪深度计算；管道地沟按图示沟底至室外地坪深度计算。

9.2.6　土石方回填与运输计算

（1）土（石）方回填。土（石）方回填土区分夯填、松填，按图示回填体积并依下列规定，以"m³"计算。

1）沟槽、基坑回填土，沟槽、基坑回填体积以挖方体积减去设计室外地坪以下埋设砌筑物（包括基础垫层、基础等）体积计算。

2）管道沟槽回填，以挖方体积减去管径所占体积计算。管径在 500mm 以下的，不扣除管道所占体积；管径超过 500mm 时，按表 9 - 13 规定扣除管道所占体积计算。

表 9 - 13　　　　　　　　　　　　　　　　　　管道扣除土方体积表

管道名称	管道直径（mm）					
	501～600	601～800	801～1000	1001～1200	1201～1400	1401～1600
钢管	0.21	0.44	0.71			
铸铁管	0.24	0.49	0.77			
混凝土管	0.33	0.60	0.92	1.15	1.35	1.55

3）房心回填土，按主墙之间的面积乘以回填土厚度计算。

4）余土或取土工程量，可按下式计算：

$$余土外运体积＝挖土总体积－回填土总体积$$

当计算结果为正值时，为余土外运体积，负值时为取土体积。

5）地基强夯按设计图示强夯面积，区分夯击能量，夯击遍数以"m²"计算。

（2）土方运距计算规则。

1）推土机推土运距：按挖方区重心至回填区重心之间的直线距离计算。

2）铲运机运土运距：按挖方区重心至卸土区重心加转向距离 45m 计算。

3) 自卸汽车运土运距：按挖方区重心至填土区（或堆放地点）重心的最短距离计算。

9.2.7 土石方清单计算规则

（1）土方工程。工程量清单项目设置及工程量计算规则，应按表 9-14 的规定执行。

表 9-14　　　　　　　　　　　　　　　　土 方 工 程　　　　　　　　　　　　　　（编码：010101）

项目编码	项目名称	项目特征	计量单位	工程量计算规则	工程内容
010101001	平整场地	①土壤类别 ②土运距 ③土运距	m²	按设计图示尺寸以建筑物首层面积计算	①土方挖填 ②场地找平 ③运输
010101002	挖土方	①土壤类别 ②挖土平均厚度 ③弃土运距	m³	按设计图示尺寸以体积计算	①排地表水 ②土方开挖
010101003	挖基础土方	①土壤类别 ②基础类别 ③垫层底宽、底面积 ④挖土深度 ⑤弃土运距	m³	按设计图示尺寸以基础垫层底面积乘以挖土深度计算	③挡土板支拆 ④截桩头 ⑤基底钎探 ⑥运输
010101004	冻土开挖	①冻土厚度 ②弃土运距	m³	按设计图示尺寸开挖面积乘以厚度以体积计算	①打眼、装药、爆破 ②开挖 ③清理 ④运输
010101005	挖淤泥、流砂	①挖掘深度 ②弃淤泥、流砂距离	m³	按设计图示位置、界限以体积计算	①挖淤泥、流砂 ②弃淤泥、流砂
010101006	管沟土方	①土壤类别 ②管外径 ③挖沟平均深度 ④弃土运距 ⑤回填要求	m	按设计图示以管道中心线长度计算	①排地表水 ②土方开挖 ③挡土板支拆 ④运输 ⑤回填

（2）石方工程。工程量清单项目设置及工程量计算规则，应按表 9-15 的规定执行。

表 9-15　　　　　　　　　　　　　　　　石 方 工 程　　　　　　　　　　　　　　（编码：010102）

项目编码	项目名称	项目特征	计量单位	工程量计算规则	工程内容
010102001	预裂爆破	①岩石类别 ②单孔深度 ③单孔装药量 ④炸药品种、规格 ⑤雷管品种、规格	m	按设计图示以钻孔总长度计算	①打眼、装药、放炮 ②处理渗水、积水 ③安全防护、警卫

续表

项目编码	项目名称	项目特征	计量单位	工程量计算规则	工程内容
010102002	石方开挖	①岩石类别 ②开凿深度 ③弃碴运距 ④光面爆破要求 ⑤基底摊座要求 ⑥爆破石块直径要求	m³	按设计图示尺寸以体积计算	①打眼、装药、放炮 ②处理渗水、积水 ③解小 ④岩石开凿 ⑤摊座 ⑥清理 ⑦运输 ⑧安全防护、警卫
010102003	管沟石方	①岩石类别 ②管外径 ③开凿深度 ④弃碴运距 ⑤基底摊座要求 ⑥爆破石块直径要求	m	按设计图示以管道中心线长度计算	①石方开凿、爆破 ②处理渗水、积水 ③解小 ④摊座 ⑤清理、运输、回填 ⑥安全防护、警卫

（3）土石方运输与回填。工程量清单项目设置及工程量计算规则，应按表 9-16 的规定执行。

表 9-16　　　　　　　　　　　　　　土石方回填　　　　　　　　　　　（编码：010103）

项目编码	项目名称	项目特征	计量单位	工程量计算规则	工程内容
010103001	土（石）方回填	①土质要求 ②密实度要求 ③粒径要求 ④夯填（碾实） ⑤松填 ⑥运输距离	m³	按设计图示尺寸体积计算： ①场地回填：回填面积乘以平均回填厚度 ②室内回填：墙间净面积乘以回填厚度 ③基础回填：挖方体积减去设计室外地坪以下埋设的基础体积（包括基础垫层及其他构筑物）	①挖土（石）方 ②装卸、运输 ③回填 ④分层碾压、夯实

9.3　桩基工程计算

9.3.1　桩的分类

桩按施工方法的不同，可分为预制桩和灌注桩两大类。

（1）预制桩。预制桩按所用材料的不同，可分为混凝土预制桩、钢桩和木桩。沉桩的方式有锤击或振动打入、静力压入和旋入等。

1）混凝土预制桩。混凝土预制桩的截面形状、尺寸和长度可在一定范围内按需要选择，其横截面有方、圆等各种形状。普通实心方桩的截面边长一般为 300～500mm，现场预制桩的长度一般在 25～30m，工厂预制桩的分节长度一般不超过 12m，沉桩时在现场通过接桩连接到所需长度。

预应力混凝土管桩采用先张法预应力和离心成型法制作。经高压蒸汽养护生产的为PHC管桩，其桩身混凝土强度等级为 C80 或高于 C80；未经高压蒸汽养护生产的为 PCTP 管桩（C60～接近 C80）。建筑工程中常用的 PHC、PC 管桩的外径一般为 300～600mm，分节长度为 5～13m。

2）钢桩。常用的钢桩有下端开口或闭口的钢管桩以及 H 型钢桩等。一般钢管桩的直径为 250～1200mm。H 型钢桩的穿透能力强，自重轻，锤击沉桩的效果好，承载能力高，无论起吊、运输还是沉桩、接桩，都很方便；其缺点是耗钢量大，成本高，因而只在少数重要工程中使用。

3）木桩。木桩常用松木、杉木做成。其桩径（小头直径）一般为 160～260mm，桩长为 4～6m。木桩自重小，具有一定的弹性和韧性，又便于加工、运输和施工。木桩在泼水环境下是耐久的，但在干湿交替的环境中极易腐烂，故应打入最低地下水位为 0.5m。由于木桩的承载能力很小，以及木材的供应问题，现在只在木材产地和某些应急工程中使用。

（2）灌注桩。灌注桩是直接在所设计桩位处成孔，然后在孔内加入钢筋笼（也有省去钢筋的）再浇灌混凝土而成。与混凝土预制桩比较，灌注桩一般只有根据使用期间可能出现的内力配置钢筋，用钢量较省。当持力层顶面起伏不平时，桩长可在施工过程中根据要求在某一范围内取定。灌注桩的横截面呈圆形，可以做成大直径桩和扩底桩。保证灌注桩承载力的关键在于施工时桩身的成形和混凝土质量。

灌注桩有不下几十个品种，大体可归纳为沉管灌注桩和钻（冲、磨、挖）孔灌注桩两大类。同一类桩还可按施工机械和施工方法及直径的不同予以细分。

1）沉管灌注桩。沉管灌注桩可采用锤击振动、振动冲击等方法沉管成孔，其施工程序为：打桩机就位→沉管→浇注混凝土→边拔管→边振动→安放钢筋笼→继续浇注混凝土→成型。

为了扩大桩径（这时计距不宜太小）和防止缩颈，可对沉管灌注桩加以"复打"。所谓复打，就是在浇灌混凝土并拔出钢管后，立即在原位放置预制桩尖（或闭合营端活瓣）再次沉管，并再浇灌混凝土。复打后的桩，横截面面积增大，承载力提高，但其造价也相应增加。

2）钻（冲、磨）孔灌注桩。各种钻孔在施工时，都要将桩孔位置处的土排出地面，然后清除孔内残渣，安放钢筋笼，最后浇灌凝土。直径为 600mm 或 650mm 的钻孔桩，常用回转机具成孔，桩长 10～30m。目前，国内的钻（冲）孔灌注桩在钻进时不下钢套筒，而是利用泥浆保护孔壁以防坍孔，清孔（排走孔底沉渣）后，在水下浇灌混凝土。常用桩径为800mm、1000mm、1200mm 等。我国常用灌注桩的适用范围见表 9-17。

表 9-17 常用灌注桩的适用范围

成 孔 方 法		适 用 范 围
泥浆护壁成孔	冲抓 冲击，直径 800mm 回转钻	碎石类土、砂类土、粉土、黏土性土及风化石，冲击成孔的，进入中等风化和微风岩层的速度比回转钻快，深度可达 40m 以上
	潜水钻 600mm、800mm	黏性土、淤泥、淤泥质土及砂土，深度可达 50m

续表

成 孔 方 法		适 用 范 围
干作业成孔	螺旋钻 400mm	地下水位以上的黏性土、粉土及人工填土，深度可达 15m 内
	钻孔扩底，底部直径可达 1000mm	地下水位以上的坚硬、硬塑的黏性土及中密以上的砂类土
	机动洛阳铲（人工）	地下水位以上黏性土，黄土及人工填土
沉管成孔	锤击 340～800mm	硬塑黏性土、粉土、砂类土、直径 600mm 以上的可达强风化岩，深度可在 20～30m
	振动 400～500mm	可塑黏性土、中细砂、深度可达 20m
爆扩成孔，底部直径可在 800mm		地下水位以上的黏性土、黄土、碎石类土及风化岩

3）挖孔桩。挖孔桩可采用人工或机械挖掘成孔。人工挖扎桩施工时应人工降低地下水位，每挖探 0.9～1.0m，就浇灌或喷射一圈混凝土护壁（上下圈之间用插筋连接），达到所需深度时，再进行扩孔，最后在护壁内安装钢筋和浇灌混凝土。挖孔桩的优点是，可直接观察地层情况，孔底易清除干净，设备简单，噪声小，场区各同时施工，桩径大，适应性强又比较经济。

9.3.2　定额工程量计算

（1）计算打桩（灌注桩）工程量前，应确定下列事项：①确定土质级别。依工程地质资料中的土层构造，土壤的物理、化学性质及每米沉桩时间鉴别适用定额土质级别；②确定施工方法、工艺流程、采用机型，桩、土壤、泥浆运距。

（2）打预制钢筋混凝土桩的体积，按设计桩长（包括桩尖，不扣除桩尖虚体积）乘以桩截面面积计算。管桩的空心体积应扣除。如管桩的空心部分按设计要求灌注混凝土或其他填充材料时，应另行计算。

1）方桩。

$$V = FLN$$

式中：V 为预制钢筋混凝土桩工程量（m³）；F 为预制钢筋混凝土桩截面积（m³）；L 为设计桩长（包括桩尖，不扣除桩尖虚体积）（m）；N 为桩根数。

2）管桩。

$$V = \pi(R^2 - r^2)LN$$

式中：R 为管桩外半径（m）；r 为管桩内半径（m）。

（3）接桩。电焊接桩按设计接头，以个计算；硫黄胶泥接桩按桩断面，以平方米计算。

（4）送桩。按桩截面面积乘以送桩长度（打桩架底至桩顶面高度，或自桩顶面至自然地坪面另加 0.5m）计算。

（5）打拔钢板桩。按钢板桩质量，以吨计算。

（6）打孔灌注桩。

1）混凝土桩、砂桩、碎石桩的体积，按设计规定的桩长（包括桩尖，不扣除桩尖虚体积）乘以钢管管箍外径截面面积计算。

灌注混凝土桩，设计直径与钢管外径的选用见表 9-18。

表 9‑18 灌注桩设计直径与钢管外径的选用表 单位：mm

设计外径	采用钢管外径	
300	325	371
350	371	377
400	425	—
450	465	—

计算公式为

$$V = \pi D^2 / 4L$$

或

$$V = \pi R^2 L$$

式中：D 为钢管外径（m）；L 为桩设计全长（包括桩尖）（m）；R 为钢管半径（m）。

2）扩大桩的体积按单桩体积乘以次数计算。

3）打孔后先埋入预制混凝土桩尖再灌注混凝土者，桩尖接钢筋混凝土规定计算体积，灌注桩按设计长度（自桩尖顶面至桩顶面高度）乘以钢管管箍外径截面面积计算。预制混凝土桩尖计算体积用以下公式进行计算

$$V = (1/3 \pi R^2 H_1 + \pi r^2 H_2) n$$

式中：R，H_1 为桩尖的半径和高度（m）；R，H_2 为桩尖芯的半径和高度（m）。

（7）钻孔灌注桩，按设计桩长（包括桩尖，不扣除桩尖虚体积）增加 0.25m 乘以设计断面面积计算。

$$V = F(L + 0.25)N$$

式中：V 为钻孔灌注桩工程量（m³）；F 为钻孔灌注桩设计截面积（m²）；L 为设计桩长（m）；N 为钻孔灌注桩根数。

（8）灌注混凝土桩的钢筋笼制作依设计规定，按钢筋混凝土相应项目以吨计算。

（9）泥浆运输工程量按钻孔体积以立方米计算。

（10）其他：① 安、拆导向夹具，按设计图纸规定的水平延长米计算；②桩架 90°调面只适用轨道式、走管式、导杆、筒式柴油打桩机，以次计算。

9.3.3　清单工程量计算

（1）混凝土桩。工程量清单项目设置及工程量计算规则，应按表 9‑19 的规定执行。

表 9‑19 混凝土桩（编码：010201）

项目编码	项目名称	项目特征	计量单位	工程量计算规则	工程内容
010201001	预制钢筋混凝土桩	①土壤级别 ②单桩长度、根数 ③桩截面 ④板桩面积 ⑤管桩填充材料种类 ⑥桩倾斜度 ⑦混凝土强度等级 ⑧防护材料种类	m/根	按设计图示尺寸以桩长（包括桩尖）或根数计算	①桩制作、运输 ②打桩、试验桩、斜桩 ③送桩 ④管桩填充材料、刷防护材料 ⑤清理、运输

续表

项目编码	项目名称	项目特征	计量单位	工程量计算规则	工程内容
010201002	接桩	①桩截面 ②接头长度 ③接桩材料	个/m	按设计图示规定以接头数量（板桩按接头长度）计算	①桩制作、运输 ②接桩、材料运输
010201003	混凝土灌注桩	①土壤级别 ②单桩长度、根数 ③桩截面 ④成孔方法 ⑤混凝土强度等级	m/根	按设计图示尺寸以桩长（包括桩尖）或根数计算	①成孔、固壁 ②混凝土制作、运输、灌注、振捣、养护 ③泥浆池及沟槽砌筑、拆除 ④泥浆制作、运输 ⑤渣理、运输

（2）其他桩。工程量清单项目设置及工程量计算规则，应按表 9-20 的规定执行。

表 9-20　　　　　　　　　　其他桩（编码：010202）

项目编码	项目名称	项目特征	计量单位	工程量计算规则	工程内容
010202001	砂石灌注桩	①土壤级别 ②桩长 ③桩截面 ④成孔方法 ⑤砂石级配	m	按设计图示尺寸以桩长（包括桩尖）计算	①成孔 ②砂石运输 ③填实 ④振实
010202002	灰土挤密桩	①土壤级别 ②桩长 ③桩截面 ④成孔方法 ⑤灰土级别	m	按设计图示尺寸以桩长（包括桩尖）计算	①成孔 ②灰土拌和、运输 ③填充 ④夯实
010202003	旋喷桩	①桩长 ②桩截面 ③水泥强度等级			①成孔 ②水泥浆制作、运输 ③水泥浆旋喷
010202004	喷粉桩	①桩长 ②桩截面 ③粉体种类 ④水泥强度等级 ⑤石灰粉要求			①成孔 ②粉体运输 ③喷粉固化

（3）地基与边坡处理。工程清单项目设置及工程量计算规则，应按表 9-21 的规定执行。

表 9 - 21　　　　　　　　　地基与边坡处理（编码：010203）

项目编码	项目名称	项目特征	计量单位	工程量计算规则	工程内容
010203001	地下连续墙	①墙体厚度 ②成槽深度 ③混凝土强度等级	m³	按设计图示墙中心线长乘以厚度乘以槽深以体积计算	①挖土成槽、余土运输 ②导墙制作、安装 ③锁口管吊拔 ④浇注混凝土连续墙 ⑤材料运输
010203002	振冲灌注碎石	①振冲深度 ②成孔直径 ③碎石级配		按设计图砂孔深乘以孔截面积以体积计算	①成孔 ②碎石运输 ③灌注、振实
010203003	地基强夯	①夯击能量 ②夯击遍数 ③地耐力要求 ④夯填材料种类		按设计图示尺寸以面积计算	①辅夯填材料 ②强夯 ③夯填材料运输
010203004	锚杆支护	①锚孔直径 ②锚孔平均深度 ③锚固方法、浆液种类 ④支护厚度、材料种类 ⑤混凝土强度等级 ⑥砂浆强度等级	m²	按设计图示尺寸以支护面积计算	①钻孔 ②浆液制作、运输、压浆 ③张拉锚固 ④混凝土制作、运输、喷射、养护 ⑤砂浆制作、运输、喷射、养护
010203005	土钉支护	①支护厚度，材料种类 ②混凝土强度等级 ③砂浆强度等级			①钉土钉 ②挂网 ③混凝土制作、运输、喷射、养护 ④砂浆制作、运输、喷射、养护

9.3.4　桩基计算常用数据

（1）爆扩桩体积。爆扩桩的体积可参照表 9 - 22 进行计算。

表 9 - 22　　　　　　　　　爆扩桩体积表

桩身直径 （mm）	桩头直径 （mm）	桩长 （m）	混凝土量 （m³）	桩身直径 （mm）	桩头直径 （mm）	桩长 （m）	混凝土量 （m³）
250	800	3.0	0.376	300	800	3.0	0.424
		3.5	0.401			3.5	0.459
		4.0	0.425			4.0	0.494
		4.5	0.451			4.5	0.530
		5.0	0.474			5.0	0.565

续表

桩身直径 （mm）	桩头直径 （mm）	桩长 （m）	混凝土量 （m³）	桩身直径 （mm）	桩头直径 （mm）	桩长 （m）	混凝土量 （m³）
250	1000	3.0	0.622	300	900	3.0	0.530
		3.5	0.647			3.5	0.566
		4.0	0.671			4.0	0.601
		4.5	0.696			4.5	0.637
		5.0	0.720			5.0	0.672
每增减		0.50	0.025	每增减		0.50	0.026
300	1000	3.0	0.665	400	1000	3.0	0.755
		3.5	0.701			3.5	0.838
		4.0	0.736			4.0	0.901
		4.5	0.771			4.5	0.964
		5.0	0.807			5.0	1.027
300	1200	3.0	1.032	400	1200	3.0	1.156
		3.5	1.068			3.5	1.219
		4.0	1.103			4.0	1.282
		4.5	1.138			4.5	1.345
		5.0	1.174			5.0	1.408
每增减		0.50	0.036	每增减		0.50	0.064

注：1. 桩长系指桩全长包括桩头。

2. 计算公式

$$V = A \times (L - D) + (1/6\pi \times D_3)$$

式中：A 为断面面积；L 为桩长（全长包括桩尖）；D 为球体直径。

（2）混凝土灌注桩体积。混凝土灌注桩的体积可参照表 9-23 进行计算。

表 9-23　　　　　　　　　　　混凝土注桩体积表

桩直径 （mm）	套管外径 （mm）	桩全长 （m）	混凝土体积 （m³）	桩直径 （mm）	套管外径 （mm）	桩全长 （m）	混凝土体积 （m³）
300	325	3.00	0.2489	300	351	5.00	0.4838
		3.50	0.2904			5.50	0.5322
		4.00	0.3318			6.00	0.5806
		4.50	0.3733			每增减 0.10	0.0097
		5.00	0.4148	400	459	3.00	0.4965
		5.50	0.4563			3.50	0.5793
		6.00	0.4978			4.00	0.6620
		每增减 0.10	0.0083			4.50	0.7448
300	351	3.00	0.2903			5.00	0.8275
		3.50	0.3387			5.50	0.9103
		4.00	0.3870			6.00	0.9930
		4.50	0.4354			每增减 0.10	0.0165

（3）预制钢筋混凝土方桩体积。预制钢筋混凝土方桩的体积可参照表 9 - 24 进行计算。

表 9 - 24　　　　　　　　　　　　　预制钢筋混凝土方桩体积表

桩截面 (mm)	桩尖长 (mm)	桩长 (m)	混凝土体积（m²）		桩截面 (mm)	桩尖长 (mm)	桩长 (m)	混凝土体积（m²）	
			A	B				A	B
250×250	400	3.00	0.171	0.188	350×350	400	3.00	0.335	0.368
		3.50	0.202	0.229			3.50	0.96	0.429
		4.00	0.233	0.250			4.00	0.457	0.490
		5.00	0.296	0.312			5.00	0.580	0.613
		每增减 0.5	0.031	0.031			6.00	0.702	0.735
300×300	400	3.00	0.246	0.270			8.00	0.947	0.980
		3.50	0.291	0.315			每增减 0.5	0.0613	0.0163
		4.00	0.336	0.360	400×400	400	5.00	0.757	0.800
		5.00	0.426	0.450			6.00	0.917	0.960
		每增减 0.5	0.045	0.045			7.00	1.077	1.120
320×320	400	3.00	0.280	0.307			8.00	1.237	1.280
		3.50	0.331	0.358			10.00	1.557	1.600
		4.00	0.382	0.410			12.00	1.877	1.920
		5.00	0.485	0.512			15.00	2.357	2.400
		每增减 0.5	0.051	0.051			每增减 0.5	0.08	0.08

注：1. 混凝土体积栏中，A栏为理论计算体积，B栏为按工程量计算的体积。

　　2. 桩长包括桩尖长度。混凝土体积理论计算公式为

$$V = (L \times A) + 1/3A \times H$$

式中：V 为体积；L 为桩长（不包括桩尖长）；A 为桩截面面积；H 为桩尖长。

9.4　脚 手 架 计 算

9.4.1　脚手架的分类

脚手架是建筑安装工程施工中不可缺少的临时设施，供工人操作、堆置建筑材料以及作为建筑材料的运输通道等之用。

在建筑安装工程施工现场，工人们习惯上将用于支撑、固定结构构件或结构构件模板的支撑固定系统称为脚手架（或称架子）。这部分费用已综合包含在相应综合构件基价子目内，不得再套用脚手架分部费用单独列项计算。

脚手架的种类较多，有许多种不同的分类方法，如图 9 - 2 所示。

9.4.2　定额工程量计算

（1）一般规定

1）建筑物外墙脚手架，凡设计室外地坪至檐口（或女儿墙上表面）的砌筑高度在 15m 以下的，按单排脚手架计算；砌筑高度在 15m 以上的或砌筑高度虽不足 15m，但外墙门窗及装饰面积超过外墙表面积 60％以上时，均按双排脚手架计算。

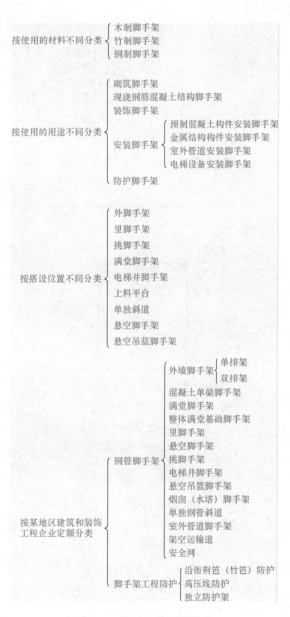

图 9-2　脚手架的不同分类

采用竹制脚手架时，按双排计算。

2）建筑物内墙脚手架，凡设计室内地坪至顶板下表面（或山墙高度的 1/2 处）的砌筑高度在 3.6m 以下的，按里脚手架计算；砌筑高度超过 3.6m 以上时，按单排脚手架计算。

3）石砌墙体，凡砌筑高度超过 1.0m 以上时，按外脚手架计算。

4）计算内外墙脚手架时，均不扣除门窗洞口、空圈洞口等所占的面积。

5）同一建筑物高度不同时，应按不同高度分别计算。如图 9-3 所示，其脚手架计算如下。

单排脚手架（15m 高）＝（26＋12×2＋8）×15＝870（m²）

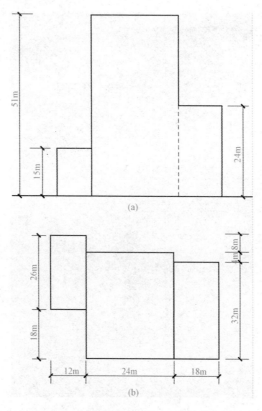

图 9-3 计算外墙脚手架工程量示意图

（a）建筑物立面；（b）建筑物平面

双排脚手架（24m 高）＝（18×2＋32）×24＝1632（m²）

双排脚手架（27m 高）＝32×27＝864（m²）

双排脚手架（36m 高）＝26×36＝936（m²）

双排脚手架（51m 高）＝（18＋24×2＋4）×51＝3570（m²）

6）现浇钢筋混凝土框架柱、梁按双排脚手架计算。

7）围墙脚手架，凡室外自然地坪至围墙顶面的砌筑高度在 3.6m 以下的，按里脚手架计算；砌筑高度超过 3.6m 以上时，按单排脚手架计算。

8）室内天棚装饰面距设计室内地坪在 3.6m 以上时，应计算满堂脚手架。计算满堂脚手架后，墙面装饰工程则不再计算脚手架。

9）滑升模板施工的钢筋混凝土烟囱、筒仓，不另计算脚手架。

10）砌筑储仓，按双排外脚手架计算。

11）储水（油）池、大型设备基础，凡距地坪高度超过 1.2m 以上的，均按双排脚手架计算。

12）整体满堂钢筋混凝土基础，凡宽度超过 3m 以上时，按其底板面积计算满堂脚手架。

（2）砌筑脚手架工程量计算。

1）外脚手架按外墙外边线长度乘以外墙砌筑高度，以平方米计算。凸出墙外宽度在 24cm 以内的墙垛，附墙烟囱等不计算脚手架；宽度超过 24cm 以外时按图示尺寸展开计算，并入外脚手架工程量之内。

2）里脚手架按墙面垂直投影面积计算。

3）独立柱按图示柱结构外围周长另加 3.6m 乘以砌筑高度，以平方米计算。套用相应外脚手架定额。

（3）现浇钢筋混凝土框架脚手架工程量计算。

1）现浇钢筋混凝土柱，按图示柱周长尺寸另加 3.6m，乘以柱高以平方米计算。套用相应外脚手架定额。

2）现浇钢筋混凝土梁、墙，按设计室外地坪或楼板上表面至楼板底之间的高度，乘以梁、墙净长以平方米计算。套用相应双排外脚手架定额。

（4）装饰工程脚手架工程量计算。

1）满堂脚手架，按室内净面积计算。其高度在 3.6～5.2m 时，计算基本层；超过 5.2m 时，每增加 1.2m 按增加一层计算。不足 0.6m 的不计。其计算公式为

$$满堂脚手架增加层＝\frac{室内净高度－5.2m}{1.2m}$$

2）挑脚手架，按搭设长度和层数，以延长米计算。

3）悬空脚手架，按搭设水平投影面积以平方米计算。

4）高度超过 3.6m 墙面装饰不能利用原砌筑脚手架时，可以计算装饰脚手架。装饰脚手架按双排脚手架乘以 0.3 计算。

（5）其他脚手架和安全网工程量计算。

1）水平防护架，按实际铺板的水平投影面积，以平方米计算。

2）垂直防护架，按自然地坪至最上一层横杆之间的搭设高度，乘以实际搭设长度，以平方米计算。

3）架空运输脚手架，按搭设长度以延长米计算。

4）烟囱、水塔脚手架，区别不同搭设高度，以座计算。

5）电梯井脚手架，按单孔以座计算。

6）斜道，区别不同高度以座计算。

7）砌筑储仓脚手架，不分单筒或储仓组，均按单筒外边线周长，乘以设计室外地坪至储仓上口之间高度，以平方米计算。

8）储水（油）池脚手架，按外壁周长乘以室外地坪至池壁顶面之间高度，以平方米计算。

9）大型设备基础脚手架，按其外形周长乘以地坪至外形顶面边线之间高度，以平方米计算。

10）建筑物垂直封闭工程量按封闭面的垂直投影面积计算。

11）立挂式安全网按架网部分的实挂长度乘以实挂高度计算。

12）挑出式安全网按挑出的水平投影面积计算。

9.4.3　脚手架计算注意事项

（1）综合脚手架应分别按单层建筑、多层建筑和不同檐高列项计算工程量；单项脚手架应分别按外脚手架（以不同高度列项）、里脚手架、满堂脚手架、悬空脚手架、挑脚手架、水平防护架、垂直防护架、建筑物垂直封闭等列项计算工程量。

（2）无论综合脚手架和单项脚手架定额已综合考虑了斜道、上料平台、安全网，不再另行计算。

（3）定额是按扣件或钢管脚手架（其中包括：提升架、单双排架）进行编制的。若实际采用木制、竹制，则按相应定额项目乘以表9-25、表9-26中的系数。

表9-25　　　　　　　　　　　　　综合脚手架适用系数

24m 以下木制脚手架	24m 以下竹制脚手架
0.74	0.72

表9-26　　　　　　　　　　　　　单项脚手架适用系数

单排 15m 以下木制外脚手架	双排 24m 以下外脚手架		里脚手架		木制满堂脚手架		竹制满常脚手架	
	木制	竹制	木制	竹制	基本层	增加层	基本层	增加层
0.77	0.92	0.78	0.88	0.81	0.59	0.85	0.52	0.64

（4）凡能按"建筑面积计算规则"计算建筑面积的建筑工程，均按综合脚手架定额计算脚手架摊销费。综合脚手架定额中已综合考虑了砌筑、浇筑、吊装、抹灰、油漆料等脚手架费用。满堂基础脚（独立柱基或设备基础投影面积超过 $20m^2$ 以上）按满堂脚手架基本层费用 50% 计取；当使用泵送混凝土时，则按满堂脚手架基本层费用 40% 计取。

（5）计算规则中的檐口高度系指檐口滴水高度。

（6）檐口高度在 50m 以上的综合脚手架中，外墙脚手架是按提升架综合的，实际施工不同时，不做调整。

（7）凡不能按"建筑面积计算规则"计算建筑面积的建筑工程，但施工组织设计规定需搭设脚手架时，按相应单项脚手架定额计算脚手架摊销费。

（8）计算规则中的水平防护架和垂直防护架，均指脚手架以外，单独搭设的，用于车辆通道、人行通道及其他物体的隔离防护。封闭施工指除安全网以外挂搭的尼龙编织布、密目安全网等遮蔽物。

（9）高层提升架项目已考虑了垂直封闭工料，不另计算。

9.4.4　脚手架计算实例

【例9-3】　如图9-4所示，为某建筑的示意图，求外墙脚手架工程量（施工中一般使用钢管脚手架）及内墙脚手架工程量。

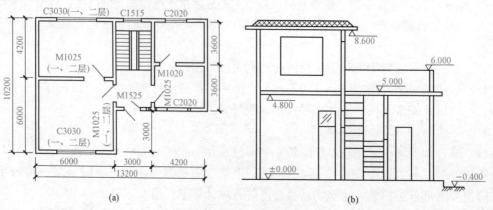

图9-4　某建筑示意图
（a）建筑平面图；（b）建筑示意图

[**解**]　外墙脚手架工程量＝［（13.2＋10.2）×2＋0.24×4］×（4.8＋0.4）＋

（7.2×3＋0.24）×1.2＋［(6＋10.2）×2＋0.24×4］×4

＝248.35＋26.21＋133.44

＝408（m²）

内墙脚手架工程量：

单排脚手架工程量＝［（6－0.24）＋（3.6×2－0.24）×2＋（4.2－0.24）×4.8

＝（5.76＋13.92＋3.96）×4.8

＝113.47（m²）

里脚手架工程量＝5.76×3.6＝20.74（m²）

第10章 造价实际案例详解[1]

10.1 某高层住宅楼投标报价实例

本工程为某小区1、2、5、6、7号住宅及地下室工程，其中，1、2号楼为18层，7号楼为23层，5、6号楼为24层，均为剪力墙结构。总造价约为11706万元。

造价内容如下。

(1) 安装工程投标报价。

(2) 建筑工程投标报价。

(3) 装饰装修工程投标报价。

(4) 地下室机械土石方工程投标报价。

(5) 地下室桩基础工程‐投标报价。

(6) 垃圾中转站投标报价。

(7) 成品门卫室投标报价。

10.2 某文化中心概算实例

某市文化中心由图书馆、群艺馆、汽车库和部分设备用房组成。工程总建筑面积55314m²，其中地上部分建筑面积45734m²，地下部分建筑面积9580m²。建筑地下一层，地上四层（局部五层）；坡屋面部分最高点高度为32m，檐口距室外地面高度为23.9m。

(1) 本项目建设投资及规模。本项目建设投资为42924.47万元，各费用使用情况及所占比例见表10‐1。

表10‐1　　　　　　　　　　各费用使用情况及所占比例

费用类别	使用情况（万元）	占比（%）
建筑工程	22167.36	51.64
设备购置费	7496.65	17.46
安装工程费	5440.20	12.67
工程其他费用	4238.57	9.87
预备费	1959.14	4.56
建设期贷款利息	1622.55	3.78

---

❶ 本章案例详解请扫封面二维码获得。

（2）编制方法。

1）建筑工程概算：根据初步设计图纸和设备材料表及设计相关资料计算工程量，按照《××省建筑工程概算定额》（2003 版）、《××省安装工程概算定额》（2003 版）规定和取费标准编制。

2）安装工程费根据初步设计图纸和设备材料表计算工程量，按照《××省建筑工程概算定额》（2003 版）、《××省安装工程概算定额（2003 版）》规定和取费标准编制。

3）建筑设备购置费概算：建筑设备根据设备表按市场询价逐台计算。

4）工程建设其他费用、基本预备费概算：按国家有关部委文件、××省的文件及规定、建设单位提供的资料编制。

（3）其他说明。

1）精装部分还需由二次装修细化设计。本次给出指导做法，本概算已包括此部分内容。

2）由于弱电设备及电梯设备由设备厂家自行安装和调试，所以设备安装费概算按设备购置费的比例计算。

3）景观照明需由专业公司二次设计及实施，本概算暂按 800 万元列入本概算。

4）本项目属公共设施建设项目，按照×价房〔1997〕209 号及〔1997〕财综 66 号文的规定，免征城市市政基础设施配套费。

5）室外地埋地表水工程需由专业公司二次设计及实施，本概算暂按 950 万元计入。

6）本概算不包括拆迁费用。

7）建设期贷款利息按建设期二年，年利率 5.4% 计算。

8）本概算预备费按 5% 计算。

10.3　某市医院标底报价

本项目为某市立医院一期建设工程 BT，建筑面积 115965.73m²，其中地下建筑面积 23272.09m²；门诊医技住院综合楼地上面积 71661.98m²；传染楼南楼地上面积 9809.84m²；传染楼北楼地上面积 9755.16m²；能源中心 1116.3m²；垃圾房 302.76m²；门卫 1、2 为 27.6m²；调压站 20m²。标底面积为 115965.73m²，具体说明如下。

（1）招标范围。门诊医技住院综合楼、呼吸道传染病房楼、非呼吸道传染病房楼、能源中心等 8 个单体的建筑工程（包括桩基工程、幕墙和钢结构工程，不包括室内装饰工程）、安装工程（包括锅炉房设备、中央热水系统、中央空调系统的安装，不包括变配电设备、电梯设备、建筑智能化系统、净化系统、中央纯水系统、医用气体系统、场外液氧储管系统、智能疏散逃生系统及其他医疗工艺专用设备的安装）、场外工程。

（2）定额套用。《建设工程工程量清单计价规范》、《××省建筑安装材料统一分类编码及 2010 年基期价格》、《××省建设工程计价规则》2010 版、《××省建筑工程预算定额》2010 版、《××省市政工程预算定额》2010 版、《××省园林绿化及仿古建筑工程预算定额》2010 版、《××省安装工程预算定额》2010 版、《××省建设工程施工取费定额》2010 版、《××省施工机械台班费用参考单价》2010 版及造价相关规定编制。

（3）费用计取。费用计取采用《××省建设工程施工取费定额》（2010 版）及补充说明，地下室基坑围护、土建、幕墙、景观、场外道路排水和安装工程等各单体工程取费均按工业与民用建筑一类中限计取，施工组织措施费的安全文明施工费、检验试验费按中限计取，提前竣工增加费按10%中限计取，其他施工组织措施费不计取，税金按市区计取，优良工程奖不计取。

10.4 某高层住宅楼清单计价

本工程是某小区高层1、2号楼，建筑面积11936m²，框-剪结构11层，属于三类工程。

（1）按照国家清单计价规范，按某省建筑与装饰计价表和有关规定计算。

（2）招标控制价按甲方提供的图纸计算和编制。

（3）土方按三类干土、不外运；混凝土按商品混凝土，采用复合木模板；施工降排水按定额计算；楼地面按毛地面、公共部位楼地面按图纸计算；房间墙面和顶棚按批腻子二遍、公共部位墙面和顶棚刷乳胶漆二遍。

（4）大型机械进退场：挖掘机按一台次、塔吊按一台次。

（5）临设费按1%；检验费按0.4%；空气污染测试费按0.2%。

（6）现场安全文明措施费：考评费按1.1%；基本费按2.2%。

10.5 某光伏能源新建厂房报价

本项目建设面积为49605m²，建设范围为厂房、办公楼、宿舍楼、综合楼、附属设施、室外道路、室外雨污水、围墙。

造价组成如下。

（1）工程总造价：7816.1037万元。

（2）厂房、仓库工程：3054.0425万元。

（3）综合楼工程：1819.0317万元。

（4）办公楼工程：895.1859万元。

（5）宿舍及餐厅楼：610.7800万元。

（6）附属工程：704.5000万元。

10.6 某新建厂房土建工程报价

本工程建筑用地总面积为68000m²，其主要组成为厂房、办公楼和门卫配电房。

造价组成如下。

（1）工程总造价：2578.5271万元。

（2）1号厂房：286.0476万元。

（3）3号厂房：1233.6344万元。

（4）宿舍：292.6132万元。

（5）门卫室：22.6532万元。

（6）消防水池及附属用房：149.2669万元。

（7）室外工程：594.3117万元。

10.7 某厂房工程量清单报价

本工程总建筑面积 14518.31m²，建筑层数为 1 层，建筑高度 11.80m，结构形式为钢结构。总造价 600 万元。本案例包括土建及安装工程报价，其内容如下。

（1）单项工程投标报价汇总表。

（2）单位工程费投标报价汇总表。

（3）分部分项工程量清单计价表。

（4）工程量清单综合单价分析表。

（5）措施项目清单与计价表。

（6）措施项目清单费用分析表。

（7）暂列金额明细表。

（8）材料暂估价表。

（9）发包人供应材料一览表。

（10）承包人供应材料一览表。

（11）设备清单计价表。

10.8 某综合大楼工程清单投标

本工程为框架结构，建筑层数为九层。总造价为 1417.7633 万元。造价内容包括土建及安装工程报价，主要内容如下。

（1）投标总价。

（2）单位工程费汇总表。

（3）分部分项工程量清单计价表。

（4）措施项目清单计价表。

（5）零星工作项目计价表。

（6）其他项目清单计价表。

（7）分部分项工程量清单综合单价分析计算表。

（8）措施项目费分析计算表。

（9）规费分析计算表。

（10）全部材料价格表。

（11）设备清单计价表。

10.9 某景观工程招标报价

本工程景观面积为 34000m²，总招标控制价约为 1150 万元。单项工程包括：某景观工程（景观部分、市政部分、安装部分），某广场屋面景观工程（景观部分、照明部分）。主要内容如下。

（1）单项工程投标控制价表。

（2）单位工程费投标报价汇总表。

（3）分部分项工程量清单计价表。

（4）措施项目清单与计价表。

（5）其他项目清单计价汇总表。

（6）材料暂估价表。

（7）规费、税金清单计价表。

（8）承包人供应材料一览表。

10.10　某钢结构工程投标报价单

本工程建筑面积为 $9384m^2$，设计使用年限 50 年，6 度抗震设防，耐火等级为 2 级，建筑类别为丙类厂房。造价约为 500 万元，其造价内容如下。

（1）单项工程投标控制价表。

（2）单位工程费投标报价汇总表。

（3）分部分项工程量清单计价表。

（4）工程量清单综合单价分析表。

（5）措施项目清单与计价表。

（6）其他项目清单与计价汇总表。

（7）措施项目清单费用分析表。

（8）规费、税金清单计价表。

（9）承包人供应材料一览表。